Schlüssel zur Bestimmung der wichtigsten forstlich schädlichen Käfer

Von

Dr. Ing. Erwin Schimitschek

a. o. Professor, Leiter der Lehrkanzel für Forstentomologie und Forstschutz
an der Hochschule für Bodenkultur in Wien

Mit 121 Abbildungen im Text und auf 2 Tafeln

Wien

Verlag von Julius Springer

1937

ISBN-13: 978-3-7091-5665-0   e-ISBN-13: 978-3-7091-5713-8
DOI: 10.1007/978-3-7091-5713-8

Dem Andenken
meines verehrten Lehrers
Moriz Seitner

Vorwort.

Der Gedanke zur Abfassung dieses Schlüssels zur Bestimmung der wichtigsten forstlich schädlichen Käfer ergab sich aus dem Bedürfnis nach einem kurzen Bestimmungsbuch, das sich sowohl im Umfang und der Auswahl den im allgemeinen an den Hochschulen und auch forstlichen Fachschulen geübten Bestimmungen anpaßt, als auch dem Wunsch nach einem möglichst billigen Bestimmungsschlüssel Rechnung trägt. Das vorliegende Buch will diesem Bedürfnis abhelfen. Es ist aber nicht der Zweck dieses Schlüssels, möglichst viele der im Wald auftretenden Käferarten zu bringen. Der Verfasser hat es sich vielmehr zur Aufgabe gemacht, nur die wichtigsten forstlich schädlichen Käfer von Mitteleuropa anzuführen, deren Bestimmung aber auf rasche Weise zu ermöglichen.

Trotzdem wurde bei dem Aufbau des Schlüssels darauf Bedacht genommen, daß hinsichtlich der forstlich unwichtigen und daher den Forstmann weniger interessierenden Arten, die in dem Schlüssel nicht enthalten sind, der einzuschlagende Weg zur Bestimmung, und zwar wenigstens im Hinblick auf die Zuteilung der fraglichen Art zu einer höheren systematischen Einheit gewiesen wird.

Der kundige Forstmann wird bei der Bestimmung einer fraglichen Art nicht den ganzen Bestimmungsweg von den Familienreihen an einschlagen müssen, sondern in den meisten Fällen gleich die Bestimmungstabelle der einschlägigen Familie oder Gattung benutzen. Es wurde daher auch ein ausführliches Sachverzeichnis beigegeben.

Um die Schwierigkeiten der Bestimmung von nicht leicht zu unterscheidenden Gattungen und Arten zu verringern, wurden den Tabellen (besonders jenen, die sich auf die Rüssel- und Borkenkäfer beziehen) zahlreiche Strichzeichnungen beigefügt. Der Vergleich des Textes mit der Zeichnung soll die Bestimmungsarbeit erleichtern und beschleunigen.

Bei der Benennung der Gattungen und Arten wurde an den in der forstlichen Praxis eingebürgerten Namen soweit als möglich festgehalten. Den wissenschaftlichen Namen sind die gangbaren deutschen Namen beigefügt, soweit solche bestehen. Ferner ist bei jeder Art die Fraßpflanze angeführt und bei den meisten Arten, so bei allen Borkenkäfern die Form des Fraßbildes kurz gekennzeichnet. Um Raum für Anmerkungen und Zeichnungen zu schaffen und so den Bestimmungsschlüssel für den Gebrauch bei den Bestimmungsübungen der Studenten zweckmäßig auszustatten, wurde eine Anzahl unbedruckter Blätter beigegeben.

Von dem bestehenden Schrifttum wurden benutzt: Escherich K.: Die Forstinsekten Mitteleuropas II. Kuhnt P.: Illustrierte Bestimmungstabellen der Käfer Deutschlands. Reitter E.: Fauna Germanica. Die Käfer des Deutschen Reiches. Ferner Vorlesungen meines verehrten Lehrers Hofrat Prof. Ing. M. Seitner.

Dem Verlag danke ich für sein sowohl in bezug auf die Ausstattung wie Bildwiedergabe bewiesenes verständnisvolles Entgegenkommen.

Wien, im Februar 1937.

Der Verfasser.

Ordnung **Coleoptera.** Käfer.

Mundwerkzeuge kauend. Vorderflügel zu kräftig chitinisierten Flügeldecken umgebildet. Vorderbrust stark entwickelt, frei beweglich. Rückenplatte derselben ist das stark entwickelte typische Halsschild.

A. Die ersten drei Hinterleibssternite miteinander verwachsen; Trennungsnähte derselben meist nur schwach angedeutęt. Das erste Sternit wird von den Hinterhüften vollständig durchsetzt. Tarsen fünfgliedrig. Hinterflügel mit Queradern. Hoden: einfache Schläuche. Eiröhren: polytroph. Vier Malpighische Gefäße. Larven gestreckt, sehr beweglich; campodeoid; mit ausgebildeten Beinen, deren Tarsen zweigliedrig. (Tafel I, Abb. 1.) **Adephaga.** S. 1.

B. Das erste Hinterleibssternit wird von den Hinterhüften nicht vollständig durchsetzt; der Hinterrand desselben ist in der Regel hinter den Hinterhüften erkennbar. Im entgegengesetzten Fall sind aber die ersten drei Hinterleibssternite nicht verwachsen. Queradern am Hinterflügel fehlen. Hoden aus Follikeln zusammengesetzt. Eiröhren telotroph. 4–6malpigh. Gefäße. Larven verschiedengestaltig, mit oder ohne Beine; deren Tarsen eingliedrig. (Tafel I, Abb. 2 bis 6 und Tafel II, Abb. 7 bis 10.) **Polyphaga.** S. 3.

A. Abteilung *Adephaga.*

I. Familienreihe **Caraboidea.**

I. Landbewohner mit Gangbeinen. Fühler fein behaart.
1″ Fühler vor den Augen auf den Seiten der Stirn eingelenkt

Fam. **Cicindelidae.**

1′ Fühler vor den Augen unter dem Seitenrand der Stirn, in der Verlängerung der seitlichen Oberkieferfurche eingelenkt (Tafel I, Abb. 1). Fam. **Carabidae.**

Zu den Landbewohnern gehören noch die *Rhysodidae.*
II. Wasserbewohner mit Schwimmbeinen. Vorzüglichste Vertreter die echten Schwimmkäfer. **Fam. *Dytiscidae.***

1. Fam. *Cicindelidae.* Sandläufer.

Cicindela silvatica L. Der Waldsandläufer. Oberseite bronzeschwarz; unten violett oder metallischgrün. Flügeldecken hinter den Schultern mit gelbem Seitenfleck, mit gelber Mittelbinde und gegen das Ende der Flügeldecken mit gelber unterbrochener, kurzer Hinterbinde. 15—17 mm.

Cicindela campestris L. Der Feldsandläufer. Grün, Unterseite violett, oder blau; Seiten des Vorderkörpers und Beine kupferrot. Die gelbe Vorder- und Mittelbinde in zwei Flecken aufgelöst, Hinterbinde kurz. 12—15 mm.

2. Fam. *Carabidae.* Laufkäfer.

Gattung **Calosoma.** Kletterlaufkäfer.

Schulterwinkel stark ausgebildet. Zweites Glied der Fühler sehr kurz, das dritte lang, beide zusammengedrückt. Alle europäischen Arten geflügelt.

✓ **Calosoma sycophanta** L. Der Puppenräuber. Flügeldecken goldgrün mit stärkerem oder schwächerem roten Schimmer. Körper blau oder schwärzlichblau. Seiten des Halsschildes bis zur Basis vollständig gerandet. Beine schwarz. 24—30 mm (Tafel I, Abb. 1).

✓ **Calosoma inquisitor** L. Oberseite bronzefarbig oder braunkupferig, Unterseite metallisch grün. Flügeldecken mit dichten Punktstreifen. Seiten des Halsschildes vor der Basis ungerandet. 16—21 mm. Besonders in Eichenwäldern.

Gattung **Carabus.** Erdlaufkäfer.

Schultern abgerundet. Zweites und drittes Fühlerglied meist stielrund, nicht deutlich zusammengedrückt. Körper nur sehr selten geflügelt, die meisten Arten nicht flugfähig.

Procrustes coriaceus L. Der Lederlaufkäfer. Schwarz, matt. Kopf und Halsschild fein punktiert, Flügeldecken stark punktiert und gerunzelt (ohne Streifen). 34—40 mm.

3. Fam. *Dystiscidae.*

Die echten Schwimmkäfer sind Wasserbewohner, werden hier nicht behandelt.

B. Abteilung Polyphaga.

Einteilung der Polyphaga in 6 Überfamilien nach inneren und äußeren Merkmalen.

<table>
<tr>
<td colspan="5">Kehlnaht getrennt, Pleuralnaht des Prothorax deutlich.</td>
<td>Kehlnaht verschmolzen, Pleuralnaht des Prothorax erloschen.</td>
</tr>
<tr>
<td colspan="3">Hoden mit sitzenden Follikeln.</td>
<td colspan="2">Hoden rundlich und gestielt.</td>
<td>Tarsen kryptopentamer.</td>
</tr>
<tr>
<td>Larven campodeaartig, nie maden- oder engerlingartig.</td>
<td colspan="2">Larven sehr verschieden.</td>
<td>Tarsen meist kryptopentamer. Fuhler einfach.</td>
<td>Tarsen meist pentamer. Fühler sehr differenziert.</td>
<td></td>
</tr>
<tr>
<td>Gliederzahl der Tarsen variabel.</td>
<td>Tarsen ein- bis funfgliedrig.</td>
<td>Tarsen stets heteromer: Vorder- und Mittelfuße fünf-, Hinterfüße viergliedrig.</td>
<td>Fühler nie gekniet, stets ohne Endkeule.</td>
<td>Fühler gekniet, mit Blätterkeule.</td>
<td></td>
</tr>
<tr>
<td></td>
<td>Fuhler fast nie gekniet.</td>
<td>Larven meist mit Beinen.</td>
<td></td>
<td></td>
<td></td>
</tr>
<tr>
<td>**Staphylinoidea.**</td>
<td>**Diversicornia.**</td>
<td>**Heteromera.**</td>
<td>**Phytophaga.**</td>
<td>**Lamellicornia.**</td>
<td>**Rhynchophora.**</td>
</tr>
</table>

Bestimmung der Familienreihen der Polyphaga, nur nach äußeren Merkmalen.

1″ Kopf meist rüsselförmig verlängert; (Tafel II, Abb. 9) nur bei *Ipidae* kurz und breit. (Tafel II, Abb. 10.) Kehlnaht verschmolzen. Pleuralnaht des Prothorax erloschen. Tarsen mit vier deutlichen Gliedern. Glied 3-, oft 2lappig. Fühler in der Regel stark gekniet (Tafel II, Abb. 8, 9, 10).   Familienreihe **Rhynchophora. S. 30.**

1′ Kopf nie rüsselförmig verlängert (nur bei den Heteromera, dann aber Tarsen 5—5—4gliedrig). Kehlnaht getrennt, Pleuralnaht des Prothorax deutlich.

— 4 —

2″ Flügeldecken meist verkürzt (Tafel I, Abb. 2). Tarsen mit variabler Gliederzahl. Larven campodeoid.

Familienreihe Staphilinoidea. S. 4.

2′ Flügeldecken nicht verkürzt (Ausnahme *Necydalis*).

3″ Fühler gekniet, in eine 3—7gliedrige Blätterkeule endigend. Abb. 10, 11. Tarsen fünfgliedrig. Larven engerlingartig.

Familienreihe Lamellicornia. S. 27.

3′ Fühler gekniet oder nicht gekniet; nicht in eine Blätterkeule endigend.

4‴ Tarsen cryptopentamer (= versteckt — fünfgliedrig). Fühler niemals gekniet und stets ohne Endkeule (Tafel I, II, Abb. 6, 7). Larven weiß, beinlos oder chitinisiert, farbig, mit Beinen. **Familienreihe Phytophaga. S. 20.**

4″ Tarsen heteromer. Vorder- und Mitteltarsen fünf, Hintertarsen viergliedrig (Tafel I, Abb. 5). Larven meist mit Beinen. **Familienreihe Heteromera. S. 18.**

4′ Tarsen 3—4 oder 5gliedrig. Fühler selten gekniet, meist in eine Keule endigend (Tafel I, Abb. 3, 4).

Familienreihe Diversicornia. S. 5.

II. Familienreihe. Staphylinoidea.

1″ Flügeldecken verkürzt.

2″ Flügeldecken stark verkürzt, wenigstens drei Hinterleibstergite von ihnen unbedeckt; meist nur die beiden ersten Hinterleibstergite von ihnen bedeckt. Fühler nicht gekniet. Körper langgestreckt, schmal. Nur ein bis zwei häutige Tergite an der Basis des Hinterleibes, die anderen sind hornig. Die häutigen Flügel — wenn vorhanden — unter die verkürzten Flügeldecken einziehbar (Tafel I, Abb. 2).

Fam. *Staphylinidae*. (Kurzflügler.)

2′ Flügeldecken abgestutzt, nur die letzten zwei Hinterleibssegmente freilassend. Fühler gekniet. Körper kahl, stark hornig und glatt. Kopf tief im Halsschild steckend.

Fam. *Histeridae*. (Stutzflügler.)

1′ Flügeldecken nicht verkürzt. Die gerippten Flügeldecken bedecken den Hinterleib vollkommen. Meist schwarz oder mit rotem Halsschild und gelben Flügeldecken. Körperform flach, breit-oval. Larven asselförmig.   Fam. *Silphidae.* (Aaskäfer.)

Räuberisch lebende Arten dieser drei Familien spielen als forstliche Nützlinge eine Rolle. Die übrigen Familien der Staphylinoidea sind forstlich ohne Bedeutung.

III. Familienreihe. **Diversicornia.**

Einteilung in Familiengruppen.

I. Am Land sich entwickelnde Tiere.

1″ Vorderhüften in der Regel kugelig oder quer, durch eine Verlängerung der Vorderbrust meist getrennt.

2″ Hinterhüften ohne Schenkeldecken, meist walzenförmig oder rundlich in den Gelenkhöhlen $\pm$ eingeschlossen, auseinanderstehend, zwischen ihnen das erste Abdominalsegment breit an das Metasternum anstoßend. Fühler ungekniet, meist mit einer Keule oder wenigstens nach der Spitze verdickt. (Bei einigen Cucujiden schnurförmig.) Tarsen mit verschiedener Gliederzahl, häufig weniger als fünf.

Familiengruppe: **1. Clavicornia.** S. 6, 10.

2′ Hinterhüften mit Schenkeldecken, von denen die Schenkel in der Ruhe $\pm$ bedeckt werden. Hinterhüften quer, fast aneinanderstoßend. Tarsen stets fünfgliedrig. Fühler gekeult oder schnurförmig.

3″ Fühler gekeult oder nach der Spitze zu verdickt. Prosternum ohne Bruststachel.

Familiengruppe: **2. Brachymera.** S. 8, 11.

3′ Fühler schnurförmig gesägt oder gekämmt. Prosternum mit Bruststachel, der in einen Ausschnitt des Mesosternums hineinragt (Tafel I, Abb. 3 und 4).

Familiengruppe: **4. Sternoxia.** S. 8, 12.

1′ Vorderhüften zapfenförmig vorragend, meist aneinanderstoßend.

2″ Flügeldecken gewöhnlich weich, dem Körper meist flach aufliegend, manchmal verkürzt und klaffend. Fühler in der Regel schnurförmig, zuweilen gesägt oder gekämmt (selten gegen die Spitze verdickt). Hinterhüften zapfenförmig vorragend und aneinanderstoßend.

Familiengruppe: **5. Malacodermata.** S. 9, 15.

2′ Flügeldecken hart, meist gewölbt. Fühler entweder schnurförmig (oft mit stark verlängerten Endgliedern) oder gekeult, oder wenigstens nach der Spitze zu verdickt. Hinterhüften nicht zapfenförmig vorragend.

Familiengruppe: 6. Teredilia. S. 9, 16.

I′ Im Wasser oder am Wasserrand sich entwickelnde Tiere.

Familiengruppe: 3. Hygrophili. S. 8.

Bestimmung der forstlich wichtigen Familien innerhalb der Familiengruppen der Diversicornia.

1. Familiengruppe. Clavicornia.

Diese Familiengruppe enthält meist forstlich nützliche Tiere mit Ausnahme der *Lyctidae*.

1″ Vorderhüften quer, walzenförmig, die Gelenkgruben derselben an ihrem schlitzförmigen Außenrand mit einem eingeschlossenen rundlichen oder queren Organ: dem Trochantinus. Tarsen fünfgliedrig (nur bei *Rhizophagini* beim ♂ die Hintertarsen mit vier Gliedern). Schildchen dreieckig oder halbrund. (Bei *Rhizophagus* oft quer.) Fühler mit dreigliedriger Keule. (Bei *Rhizophagus* mit solidem, an der Spitze geringelten Endknopf.) Epipleuren der Flügeldecken sichtbar abgesetzt.

2″ Erstes Tarsenglied sehr klein, an der Basis zwischen den Klauen mit kurzem Onychium; Hinterhüften ganz auseinanderstehend. Halsschild mit den Flügeldecken meist lose artikulierend, der Hinterrand die Basis der Flügeldecken nicht übergreifend. Klauen ungezähnt. (In Borkenkäfergängen lebend; auch in morschem Holz und in Schwämmen.)

1. Fam. Ostomidae. S. 10.

2′ Viertes Tarsenglied sehr klein. Klauen an der Basis ohne Onychium. Halsschild an die Basis der Flügeldecken dicht angeschlossen und meist die Basis der Flügeldecken etwas übergreifend. Tarsen unten ohne häutige Lappen. Die ersten Glieder oft erweitert und unten dicht behaart. Klauen an der Basis selten gezähnt. (Hierher gehören viele forstnützliche, in Borkenkäfergängen lebende Arten der Gattungen: *Glischrochilus*, *Epuraea*, *Pityophagus*, *Rhizophagus*, die sich räuberisch ernähren.)   **2. Fam. *Nitidulidae.*** (Glanzkäfer.) S. 10.

1' Vorderhüften selten quer, walzenförmig (bei den Coccinelliden) meist schwach quer oder rund, kugelig. Trochantinus am Außenrand nicht sichtbar. Tarsen meist einfach, höchstens die Vordertarsen beim ♂ erweitert; das zweite Glied oft mit lappenförmigem Anhang.

3" Alle Tarsen fünfgliedrig, oder nur beim ♂ mit 5—5—4 Gliedern.

4" Halsschild mit zwei Grübchen oder Längsfurchen oder ohne Eindrücke auf der Scheibe. Kopfschild und Fühler verschieden gebaut. (Hierher gehört die Gattung *Laemophloeus*, welche bei Borkenkäfer lebende, räuberische Arten enthält.)

3. Fam. *Cucujidae.* (Plattkäfer.) S. 11.

4' Halsschild mit einer tiefen Längsgrube oder Längsfurche in der Mitte. Kopfschild kurz und breit, vorne ausgerandet, zwischen den Fühlerwurzeln mit tiefer gebogener Querfurche. Seitenrand des Kopfes über den Fühler höckerartig aufgebogen. Kopf bis zu den großen Augen in den Halsschild eingezogen, ohne Schläfen. Fühler mit großer zweigliedriger Keule. (Larven leben im Splintholz verschiedener trockener Hölzer, auch in Radfelgen und Faßdauben. Technisch schädlich.)

4. Fam. *Lyctidae.* S. 11.

3' Tarsen 3- (Fam. *Lathridiidae*) oder 4gliedrig, das zweite Glied oft mit einem verlängerten Lappen auf der Unterseite.

4" Tarsen viergliedrig; einfach, das zweite Glied ohne Sohlenlappen, das dritte stets deutlich, niemals auffallend verkleinert. Vorderbrust vor den Vorderhüften viel länger als die letzteren. Vorderhüften klein, kugelig. Die ersten 2—4 Abdominalsterite meist unbeweglich. Kopfschild zwischen den Augen durch keine scharfe Querfurche von der Stirn geschieden, sein Vorderrand nicht bogig ausgerandet. (Hierher räuberisch in Borkenkäfergängen lebende, langgestreckte Arten der Gattungen *Colydium, Aulonium, Ditoma, Oxylaemus, Dothrideres, Cerylon.*)

5. Fam. *Colydiidae.* (Rindenkäfer.) S. 11.

4' Tarsen viergliedrig. Das zweite Glied unten stark lappig ausgezogen, das dritte Glied klein und meist in der Ausrandung des zweiten versteckt. Augen groß, sehr fein facettiert, den größten Teil des Kopfes einnehmend, oben mit der Stirn in einer Ebene abgeflacht und vorne meistens durch einen kleinen Fortsatz der Stirnseiten $\pm$[1] ausgerandet. Basis der Flügeldecken ausgerandet und aus einer einfachen Kante bestehend; der Halsschild genau an diese angepaßt und angeschmiegt, nicht die Basis der Flügeldecken übergreifend. Fühler vor den Augen unter dem flachen Seitenrand der Stirn eingefügt, kurz auf die Unterseite überlegbar. Epipleuren der Flügeldecken breit, nach hinten allmählich verengt, horizontal ausgebreitet. Körper rundlich oval, gewölbt, meist bunt gefleckt. (Käfer und Larven vorwiegend carnivor, von Blatt- und Schildläusen lebend; wichtige Gattungen: *Coccinella* und *Novius*.)

6. Fam. ***Coccinellidae.*** (Marienkäfer.) S. 11.

Zu den Clavicornia gehören auch die forstlich bedeutungslosen Familien und Unterfamilien: *Cybocephalinae, Byturidae, Phalacridae, Erotylidae, Cryptophagidae, Sphindidae, Lathridiidae, Mycetophagidae, Cisidae* (in Baumschwämmen), *Endomychidae* (*Mycetaeinae, Sphaerosominae* und *Endomychinae*).

2. Familiengruppe. **Brachymera.**

1″ Flügeldecken dicht an der Naht mit einer feinen Nahtlinie, welche wenigstens hinten scharf begrenzt ist, ohne ausgebildeten normalen Nahtstreifen. Stirn meist mit einem Ocellus in der Mitte. Körper selten kahl. (Hierher gehören die Speckkäferarten: *Dermestes* und die Museumskäfer der Gattung *Anthrenus*.)

Fam. ***Dermestidae.*** (Speckkäfer.) S. 11.

1′ Körper kurz-oval, hochgewölbt oder halbkugelig, ohne eine der Naht genäherte Nahtlinie, aber oft gestreift und in diesem Fall mit von der Naht entferntem Nahtstreifen.

Fam. ***Nosodendridae*** und ***Byrrhidae.***

3. Familiengruppe. **Hygrophili.**

Hierher gehören drei forstlich belanglose Familien, die sich alle im Wasser oder am Wasserrand entwickeln. *Dryopidae, Georyssidae, Heteroceridae.*

4. Familiengruppe. **Sternoxia.**

1″ Halsschild fest an die Flügeldecken angeschlossen, nicht auf- und abwärts beweglich; seine Hinterecken nie in Spitzen ausgezogen.

---

[1] $\pm$ = mehr oder weniger.

Hinterleibssternite zwischen den einzelnen Hinterleibsringen ohne sichtbare Gelenkhaut, die drei letzten Sternite scharf getrennt. Die zwei ersten miteinander verwachsen. Käfer meist auffallend, sehr schön metallisch gefärbt (Tafel I, Abb. 3). (Larven weiß, augen- und beinlos.) Fam. **_Buprestidae._** (Prachtkäfer.) S. 12.

1′ Halsschild ± auf und ab bewegbar. Die Hinterecken ± in deutliche Spitzen ausgezogen. Alle Hinterleibssternite deutlich getrennt. Der Hinterrand des vierten (vorletzten) Sternites mit deutlicher, glänzender gelber Gelenkhaut, Hinterhüften mit Schenkeldecken. Fühler vor den Augen unter dem fast immer leistenartig vorspringenden Seitenrand des Kopfes eingefügt. Käfer mit Schnellvermögen (Tafel I, Abb. 4). (Larven chitinisiert, mit Beinen und Augen, Drahtwürmer.) Fam. **_Elateridae._** (Schnellkäfer.) S. 13.

5. Familiengruppe. **Malacodermata.**

1″ Schildchen einfach, ungekielt. Tarsen einfach, oft mit schwach herzförmig erweitertem vorletzten Glied. Körper meist weich. Flügeldecken weich. (Die Tiere leben zum Großteil räuberisch.)

Fam. **_Cantharidae._** S. 15.

1′ Schildchen scharf der Länge nach gekielt. Kopf groß, vorgestreckt. Endglied der Kieferntaster beim ♂ mit langen fransenähnlichen Anhängen. Flügeldecken ohne Epipleuren, hinten etwas klaffend. Schienen und Tarsen lang, drehrund, Körper langgestreckt, schmal. Hinterleib aus 7—8 Sterniten bestehend. (Leben im Holz. Larve mit kapuzenförmigem Halsschild.)

Fam. **_Lymexylonidae._** S. 15.

6. Familiengruppe. **Teredilia.**

1″ Tarsen ± herzförmig und auf der Unterseite mit einem großen lappigen Anhang ausgestattet. Kopf nicht in den Halsschild zurückziehbar; Scheitel stets von oben sichtbar. Meist bunt gefärbt. Körper weichhaarig. Fühler gesägt oder mit drei großen keulenförmigen Endgliedern. (Larven und Käfer leben räuberisch von Borkenkäfern und deren Brut.)

Fam. **_Cleridae._** (Buntkäfer.) S. 16.

1′ Tarsen auf der Unterseite ohne häutigen Anhang. Kopf ± in den Halsschild zurückziehbar; von oben nicht sichtbar. Meist dunkelbraun oder schwärzlich gefärbt. (Vorwiegend im Holz lebend. Larven mit gut entwickelten Beinen, Kopf chitinisiert).

2″ Fühler auf den Seiten des Kopfes vor den Augen eingefügt; gesägt oder gekämmt, oder mit größerem Endglied.

3″ Tarsen viergliedrig oder undeutlich fünfgliedrig (in diesem Fall Glied 1 sehr klein oder versteckt). Hinterhüften stark genähert ohne Schenkeldecken. Fühler mit größerem Endglied. Kopf vertikal stehend; vom Vorderrand des Halsschildes kapuzenförmig überdeckt, ähnlich großen Borkenkäfern. (Hierher *Bostrychus, Apate, Sinoxylon.*)

Fam. **Bostrychidae.** S. 16.

3′ Tarsen fünfgliedrig. Hinterhüften mit schmalen, aber deutlichen Schenkeldecken. Fühler gesägt, gekämmt, meist aber mit drei langen, schmalen Endgliedern. (Hierher *Xestobium, Anobium, Ernobius, Trypopytis.*)

Fam. **Anobiidae.** (Nagekäfer.) S. 16.

2′ Fühler auf der Stirn zwischen den Augen eingefügt, einander stark genähert, faden- oder schnurförmig, ohne Keule; Hinterhüften weit auseinanderstehend, ohne Schenkeldecken. Körper meist abstehend behaart. (Im Holz und von vegetabilen und animalen Abfällen lebend. (Hierher *Ptinus, Niptus*).

Fam. **Ptinidae.** S. 18.

(Hierher noch die Familie *Pseidae.*)

Die forstlich wichtigen Gattungen und Arten innerhalb der Familiengruppen der Familienreihe: Diversicornia.

1. Familiengruppe. Clavicornia.

1. Fam. *Ostomidae.*

Nemosoma elongatum. L. 4–6 mm. Schmal, langgestreckt mit langem Kopf. Räuberisch bei *Carphoborus minimus, Xyleborus*-Arten, *Ips typographus* u. a. Borkenkäfern.

2. Fam. *Nitidulidae.* (Glanzkäfer.)

Glischrochylus quadripustulatus Lin. Schwarz glänzend, auf den Flügeldecken vier rote Makeln. 4–6,5 mm. Räuberisch bei Borkenkäferarten.

Rhizophagus grandis Gyll. Einfarbig rostrot. 4,5–5,5 mm. Zwischenraum 3 oder 4 an der Basis mit Punkten. Bei *Dendroctonus micans, M. piniperda, H. palliatus.*

Rhizophagus depressus Fbr. Einfarbig rostrot, 2,6—4 mm. Zwischen-raum 2 mit zerstreuten Punkten. Bei *I. typographus, M. minor, M. pini-perda.* Hierher gehören noch die räuberisch lebenden Gattungen *Epuraea* und *Pityophagus.*

3. Fam. *Cucujidae.* (Plattkäfer.)

Laemophloeus clematidis Er. Rostgelb bis rostrot. Langgestreckt. Halsschild länger als breit. Halsschild mit feinen Kiellinien; Hinter-winkel stumpf. Kopf und Halsschild dicht und fein punktiert. Flügel-decken lang und parallel. In Clematis vitalba bei *Xylocleptes bispinus* (daher schädlich). Andere *Laemophloeus*-Arten räuberisch bei *I. typo-graphus, Polygraphus, Pityogenes, Pityophthorus* usf.

4. Fam. *Lyctidae.*

Lyctus linearis Goeze (*L. canaliculatus* F.). Parkettkäfer. Flügeldecken mit Punktstreifen, ohne Borstenreihen. Scheibe des Halsschildes in der Mitte mit einer Grube. Flügeldeckenzwischenräume flach. Gelb-braun. Kopf und Halsschild manchmal dunkler. 2,5—5 mm. (In Eiche. Larve besonders im Splint.)

5. Fam. *Colydiidae.*

Leben räuberisch in Borkenkäfergängen. *Colydium. Aulonium, Ditoma* u. a.

6. Fam. *Coccinellidae.* (Marienkäfer.)

Mit Ausnahme der *Epilachinae,* die Pflanzenfresser sind, leben alle *Coccinelliden,* sowohl Larven wie Imagines, räuberisch von Blattläusen.

2. Familiengruppe. Brachymera.

Fam. *Dermestidae.*

Dermestes lardarius L. Der gemeine Speckkäfer. Schwarz, Flügel-decken zweifarbig; vordere Hälfte mit einer gelbgrauen Querbinde (Grund rostbraun, Haarbinde gelbgrau), innerhalb dieser (in ihrer Mitte) auf jeder Flügeldecke drei dunkle Punktflecke; hintere Hälfte schwarz. 7—9 mm. (In Häusern, lebt von animalischer Nahrung, auch in Naturalien-sammlungen.)

3. Familiengruppe. Hygrophili.

Dryopidae, Georyssidae, Heteroceridae. Forstlich nicht bedeutend. Am Wasser und Wasserrand sich entwickelnd.

4. Familiengruppe. **Sternoxia.**

1. Fam. *Buprestidae.* (Prachtkäfer.)

1″ Klauen einfach, ungezähnt.

  2″ Fühler nicht gekniet, Basalrand nicht verdickt und nicht verlängert. Vorderschenkel ohne Zahn. (Buprestini.) Abb. 1—3.

    3″ Schildchen rund, quer oder punktförmig. Halsschildbasis ± doppelbuchtig.

      4″ Flügeldecken mit Streifen.

        5″ Schildchen rundlich, klein. Halsschild mit zwei kleinen Punktgrübchen vor dem Schildchen. Spitze der Flügeldecken jederseits abgestutzt. Jede Flügeldeckenspitze ausgerandet, mit zwei spitzen Zähnchen. Oben braun erzfarben. Halsschild und Flügeldecken gerunzelt. 20 mm. (In Erlen.)   **Dicerca aenea L.**

      5′ Schildchen quer, gerade abgestutzt. Halsschild meist mit schmaler, glatter Mittellinie.

        6″ Oben dunkel erz- oder kupferfarben; unten rötlich kupferfarben. 8—10 mm. (In Eschen.)

          Poecilonota variolosa Payk.

        6′ Oben und unten grün-golden. Halsschild nach vorne allmählich verengt (Tafel I, Abb. 3). (In Linden.)

          P. rutilans L.

      4′ Flügeldecken dicht irregulär punktiert. Manchmal dazwischen mit angedeuteten Rippen. Spitze der Flügeldecken gerundet. Hinterrand des Halsschildes doppelbuchtig. Einfarbig blau (unten grün-glänzend). 10 bis 11 mm. (In Kiefern.)

        Phaenops cyanea Fabr.

    3′ Schildchen dreieckig. Einfarbig schwarz-braun. Halsschildbasis gerade abgeschnitten. Halsschild mit vier in einer Querreihe stehenden Grubenpunkten (Abb. 1). (In Kiefer und Fichte.)

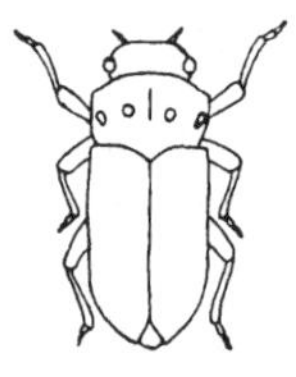

Abb. 1.

    Anthaxia quadripunktata L.

  2′ Fühler schwach gekniet mit langem, dickem Basalglied. Vorderschienen verdickt mit großem Zahn. Flügeldecken mit Goldgrübchen. (*Chrysobothrini.*)

3″ Das letzte der drei Goldgrübchen jeder Flügeldecke erreicht nach innen höchstens die zweite (mittlere) Längsrippe (Abb. 2). Oberseite erzbraun, Bauch kupferrot. 12—14 mm. (In Eiche.) **Chrysobothris affinis Fabr.**

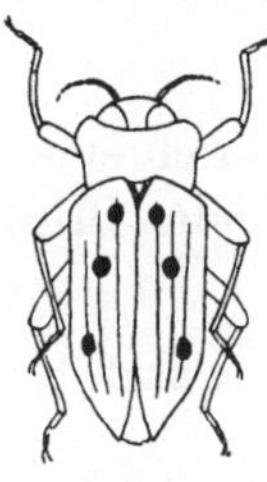
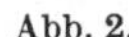

Abb. 2.

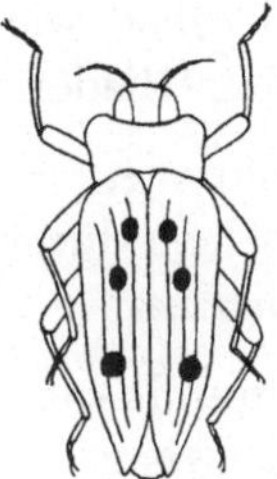

Abb. 3.

3′ Das letzte der drei Goldgrübchen jeder Flügeldecke durchsetzt die zweite (mittlere) Längsrippe (Abb. 3); dunkel, kupferfarben. 10—12 mm. (In Kiefer.) **Ch. solieri Lap.**

1′ Klauen mit großem Zahn. Die Basis jeder Flügeldecke stumpfwinklig in den Halsschild eingreifend. Schildchen nach hinten zugespitzt. (*Agrilini*.) Abb. 4.

2″ Seitenrand des Halsschildes einfach. Schildchen ungekielt. Glied 1 der Hintertarsen kaum länger als das folgende. Flügeldecken mit zwei zackigen, grau behaarten Querbinden. Erz-grün. 14—16 mm. (In Eichenästen und Heistern.)
= **Coraebus bifasciatus Oliv.** (=*fasciatus* Oillers.)

2′ Halsschild mit doppelter Seitenrandlinie. Schildchen meist mit feinem Querkiel. Glied 1 der Hintertarsen doppelt so lang als das zweite.

3″ Flügeldecken einfarbig grün oder blau oder erzfarben. Halsschild breiter als lang, jederseits hinter der Mitte mit schräg gegen die Seiten verlaufendem Eindruck. (In Buche, Erle.) **Agrilus viridis Lin.**

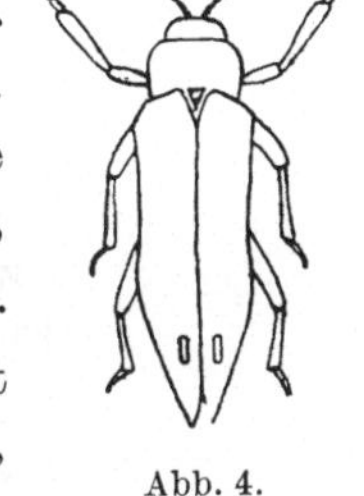

3′ Flügeldecken hinter der Mitte nahe der Naht mit zwei weißen Punkten (Abb. 4). Grün, blau oder erzfarben. (In Eiche.)

Abb. 4.

Agrilus biguttatus Fabr.

2. Fam. *Elateridae.* Schnellkäfer.

1″ Die Fühler in tiefe, schlitzförmige Einschnitte des Prosternums neben den umgeschlagenen Seiten des Halsschildes einlegbar. Das erste verdickte Fühlerglied matt, die folgenden glänzend. (*Agrypnini*.) Breit, plump, mit wolkig grauer Beschuppung. 11—15 mm.

Brachylacon murinus L.

1′ Tiefe Einschnitte zum Einlegen der Fühler fehlen. Das erste verdickte Fühlerglied wie die folgenden punktiert, $\pm$ glänzend, oder die folgenden Glieder matt.

2″ Kopfschild von der Stirne getrennt, durch eine erhabene Querkante, welche durch die sich vereinigenden Stirnränder gebildet wird. (*Ludiini*.)

3″ Seitenrandkante des Halsschildes scharf lateral, von oben gut sichtbar.

4″ Die Nähte zwischen dem Prosternum und den umgeschlagenen Seiten des Halsschildes einfach. Hinterrand der Vorderbrust neben den Hinterwinkeln ausgerandet. Halsschild nicht breiter als lang. Halsschildoberseite und Flügeldecken kahl, glänzend, metallisch gefärbt. 10 bis 15 mm (Tafel I, Abb. 4). **Selatosomus aeneus Lin.**

4′ Die Nähte zwischen dem Prosternum und den umgeschlagenen Seiten des Halsschildes doppelt. Schenkeldecken der Hinterhüften nach außen stark verschmälert. Schwarz. Vorderrand des Halsschildes, die Flügeldecken bis auf eine gemeinsame dunkle Längsbinde sowie Fühler und Beine rotbraun. 6—8 mm. **Dolopius marginatus L.**

3′ Seitenrandkante des Halsschildes stumpf, oft nur als Linie markiert, zum größten Teil auf die Unterseite gebogen, von oben nicht sichtbar.

4‴ Halsschild viel länger als breit. Körper langgestreckt schwarz, dicht punktiert, fein dunkel behaart.

Agriotes aterrimus Lin.

4″ Halsschild nicht breiter als lang. Die abwechselnden Zwischenräume der kräftigen Punktstreifen auf den Flügeldecken viel dichter behaart und daher auch heller erscheinend, als die dazwischenliegenden schmäleren; bräunlich-schwarz, Flügeldecken meist heller rotbraun. Fühler und Beine rostrot. 7,5—10 mm.

Agriotes lineatus Lin.

4′ Halsschild etwas quer, kugelig gewölbt, fast matt, dicht und stark punktiert; Behaarung längs der Mitte der Länge nach angeordnet. Flügeldecken hinter der Mitte ein wenig erweitert. Körper gedrungen, stark gewölbt, matt, braun-schwarz (oder Flügeldecken heller, rotbraun oder ganz rostrot). **Agriotes obscurus Lin.**

2′ Kopfschild von der Stirn **nicht** durch eine Querleiste getrennt, die erhabenen Stirnränder vereinigen sich nicht! Augen dem Vorderrand des Halsschildes stark genähert. Kopf mit Augen schmäler als der Halsschild. (*Elaterini.*)
Vorderrand der Stirn gerundet und in der Mitte niedergedrückt. Das erste Fußglied so lang wie das zweite und dritte zusammen.

3″Fühler vom dritten Glied an sägeförmig erweitert; die Glieder ± dreieckig. Hinterwinkel des Halsschildes gekielt. Schwarz. Schwarz oder grau behaart. 12—17 mm.

Athous hirtus Hbst.

3′ Fühler erst vom vierten Glied an schwach erweitert, oder auch einfach fadenförmig. Halsschild bedeutend länger als breit. Hinterwinkel des Halsschildes nicht gekielt. Dunkelbraun. Flügeldecken und hinterer Teil des Bauches bräunlichhellgelb; Flügeldeckenspitzen oft angedunkelt.

Athous subfuscus Müll.

5. Familiengruppe. **Malacodermata.**
1. Fam. *Cantharidae.*

Cantharis obscura L. Der Eichenweichkäfer. Schwarz, sparsam kurz grau behaart. Nur die Seitenränder des Halsschildes, die beiden Wurzelglieder der Fühler und die Seitenränder der Bauchringe gelb gesäumt. 9—13 mm. (Frißt Triebe der Stockloden.)

C. fusca L. Schwarz. Kopfvorderhälfte gelb. Halsschild gelb, nur ein schwarzer Fleck am Vorderrand. Sonst wie *obscura*. 11—15 mm.

C. rustica Fall. Wie *fusca*. Aber der schwarze Fleck in der Halsschildmitte. 10—14 mm.

Außer diesen drei Arten sind die Canthariden vorzüglich carnivor, leben vom Raub anderer Insekten.

Die Lampyrisarten haben Leuchtvermögen.

2. Fam. *Lymexylonidae.*

1″ Halsschild breiter als lang. Fühler gesägt (Abb. 5). Flügeldecken mit einigen Dorsalrippen. Maxillartaster des ♂ nach allen Richtungen geweihartig verzweigt.

Abb. 5.

(Ausgewachsene Larve mit langem, zugespitztem Schwanzfortsatz.) Rötlichgelb bis braungelb. 6 bis 18 mm. (In allen Laub- und Nadelhölzern.) **Hylecoetus dermestoides L.**

1′ Halsschild länger als breit. Fühler schnurförmig zur Spitze verdünnt. Flügeldecken ohne Dorsalrippen. Rotgelb. Kopf schwarz.
Flügeldecken schwarz, vorne längs der Naht braun-gelb, beim ♀
oft nur die Spitze dunkel. 7—13 mm. (In Eiche.)

Lymexylon navale Fabr. (Der Schiffswerftkäfer.)

6. Familiengruppe. Teredilia.
1. Fam. *Cleridae.*

⁄ **Clerus formicarius** Lin. (Ameisenkäfer). Unterseite und der Halsschild mit Ausnahme des schwarzen Vorderrandes, rot. Kopf, Beine,
Flügeldecken schwarz. Flügeldecken mit roter Basis, einer stark gebuchteten weißen Querbinde vor und einer ebensolchen, doch mehr gerade
verlaufenden Querbinde weit hinter der Mitte. 7—10 mm. Larve rosarot.

2. Fam. *Bostrychidae.*

1″ Flügeldeckenabfall einfach gewölbt, ohne vertiefte Furche. Halsschild bis zur Basis körnig gehöckert. Körper gestreckt, zylindrisch.
Schwarz, nur Flügeldecken und Bauch scharlachrot. Absturz wie bei
Borkenkäfern. (Seltener auch die Flügeldecken schwarz.) Oberseite kahl. 8—14 mm. (Eiche.)

Bostrychus capucinus L. (Apate.)

1′ Flügeldeckenabsturz mit dornförmigen Höckern. Hintere Hälfte
des Halsschildes fein gekörnt. Körper kurz zylindrisch. Schwarzbraun, Flügeldecken heller, kastanienbraun, Fühler rostrot. Absturz ähnlich dem der Borkenkäfer. Oberseite behaart. 6—7,5 mm.
(Eiche, Rebstock.)

Sinoxylon perforans Schrank. (Rebendreher.)

3. Fam. *Anobiidae.* Nagekäfer.

1″ Fühler mit drei langgestreckten, großen Endgliedern,
selten fadenförmig, dann aber nicht gesägt. (*Anobiini.*)
Abb. 6 und 8.

2″ Flügeldecken ohne Punktstreifen.

   3″ Oberseite fein anliegend, gleichartig behaart.
   Rostrot oder rostbraun.

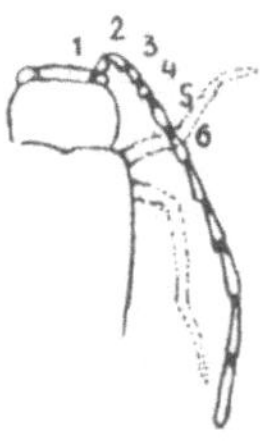

Abb. 6.

   Gattung **Ernobius** Thoms. S. 17.

   3′ Oberseite aufstehend oder anliegend behaart, in letzterem
   Fall ist die Behaarung fleckig gestellt.

   Gattung **Xestobium** Motsch. S. 17.

2′ Flügeldecken mit Punktstreifen. Oberseite fein anliegend behaart, manchmal nahezu kahl.

Gattung **Anobium** F. s. str. S. 18.

1′ Fühler beim ♀ stark gesägt, beim ♂ vom dritten Glied an in lange astförmige Fortsätze erweitert (Abb. 7). Die drei letzten Glieder nicht größer als die vorhergehenden. Oberseite undeutlich staubartig behaart.

Gattung **Ptilinus** Geoffr. S. 18.

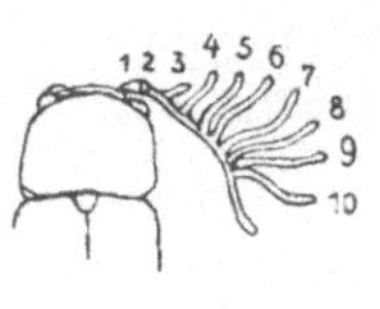

Abb. 7.

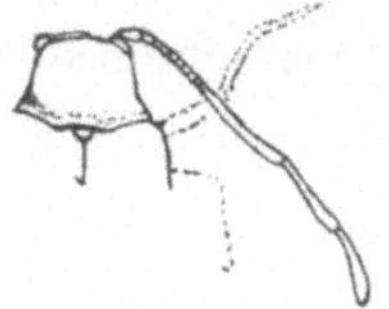

Abb. 8.

Gattung **Ernobius** Thoms.

1″ Fühlerglieder 2—8 sehr kurz (höchstens so lang als breit). 9—11 sehr lang, die letzteren drei doppelt so lang wie 2—8 zusammen; Glied 9 allein fast so lang wie 2—8 zusammen (Abb. 8). Glied 9—11 auch breiter als die vorhergehenden. Halsschild mit feiner, seichter Mittelfurche. Flügeldecken pechbraun. Fühler und Beine fast stets schwarz. (In Kieferntrieben.) **E. nigrinus** Strm.

1′ Fühlerglieder 2—8 fast alle $\pm$ länger als breit. Die drei letzten Fühlerglieder kaum länger als 2—8 zusammen. Glied 9 höchstens so lang wie 7 und 8 zusammen.

2″ Halsschild schmäler als die Flügeldecken. Die drei letzten Fühlerglieder in ihrer Länge von den vorhergehenden kaum verschieden. Fühler des ♂ fast so lang wie der Körper. Hellrötlich gelbbraun. Fühler gelb, weich behaart. 2—3 mm. (Kiefer.)

E. abietinus Gyll.

2′ Halsschild so breit wie die Flügeldecken; fast doppelt so breit wie lang, mit geraden parallelen Seiten. Oberseite rotbraun, kurz gelblich behaart. Unterseite schwärzlich. Fühlerspitze dunkler. 3—4 mm. (Fichte.) **E. abietis** Fabr.

Gattung **Xestobium** Motsch.

1″ Oberseite braun mit kleinen aus graugelben feinen Härchen gebildeten Makeln gesprenkelt. Härchen fein, kurz anliegend. Fühlerglieder 6—8 länglich. 6—9 mm. (Eiche.)

X. rufovillosum Deg.

1′ Körper mit langer, einfach abstehender Behaarung. Oberseite metallisch schwarzgrün, glänzend. Fühlerglieder 6—8 fast quer. 4 mm. (Buche, Birke.) **X. plumbeum** Illig.

Gattung **Anobium** F. s. str.

1″ Der Höcker des Halsschildes vorn eingedrückt oder durch ein Grübchen geteilt. Halsschild an der Basis am breitesten, in den Hinterwinkeln mit einem goldgelben Tomentfleck. Scheibe vor dem Schildchen mit einem sehr flachen Kiel. 4,5—5 mm. (In Weichholz.) **A. pertinax** L. (Der Trotzkopf.)

1′ Der Höcker des Halsschildes einfach, in der Mitte nicht eingedrückt. Halsschildbasis sehr fein gerandet. Oberseite fein und dicht seidenartig behaart. Augen sehr groß. 3—4 mm. (In Weichholz.) **A. striatum** Oliv. (Die Totenuhr.)

Gattung **Ptilinus** Geoffr.

1″ Flügeldecken zweieinhalbmal so lang wie zusammen breit. Körper schmal. Braun bis schwarz. Flügeldecken ohne Längsrippen. 3—6 mm. (In Hartholz.) ♂: Abb. 7. **P. pectinicornis** Lin.

1′ Flügeldecken nur doppelt so lang wie zusammen breit. Körper plumper. Flügeldecken mit angedeuteten Längsrippen. 3—5 mm. **P. costatus** Gyll.

4. Fam. **Ptinidae.**

Hierher gehören *Niptus hololeucus* Fald., der Messingkäfer, *Ptinus fur* u. a.

IV. Familienreihe. **Heteromera.**

1″ Kopf an den Seiten vor den Augen mit einer hornigen, lappigen oder tellerförmigen Verbreiterung, unter welcher die Fühlerbasis völlig gedeckt erscheint. Vorderhüften kugelig, zum Teil unten in die Gelenkgruben eingeschlossen. Meist dunkelgefärbte, flügellose Tiere. Hierher *Opatrum* (Wurzelfresser), *Hypophloeus* (räuberisch in Borkenkäfergängen). Fam. ***Tenebrionidae.*** S. 19.

1′ Kopf an den Seiten ohne auffallende Verbreiterung, Basaleinlenkung der Fühler von oben frei sichtbar. Vorderhüften konisch, frei zapfenförmig vorstehend, hängend.

2″ Seitenrand des Halsschildes mit scharfer, oben meist linienförmig gerandeter Randkante. Kopf vorgestreckt. Kopf hinter den Augen mit einfachen, allmählich verengten Schläfen. Kopf nicht gestielt. Klauen einfach oder mit einem Zahn in der Mitte oder bis auf den Grund gespalten, oder mit Anhängen (aber auf der Unterseite nicht gekämmt). Hierher *Serropalpus.*

Fam. ***Melandryidae.*** S. 19.

2′ Seitenrand des Halsschildes verrundet oder mit sehr stumpfer, ungerandeter Randkante. Kopf hinter den Schläfen plötzlich stark eingeschnürt und gestielt, d. h. durch einen dünneren Teil (Hals) mit dem Halsschild verbunden. Basis des Halsschildes schmäler als die Flügeldecken. Fühler schnur- oder fadenförmig, oft mit verdicktem Endglied oder irregulär. Klauen stets mit besonderen Auszeichnungen, meistens an der Spitze tief gespalten, oder gezähnelt, oder mit Anhängen, oder einem Hautsaume am Unterrand versehen. Körper gestreckt groß. Hierher *Lytta vesicatoria* (Tafel I, Abb. 5).

Fam. ***Meloidae.*** (Pflasterkäfer.) S. 19.

Zu den Heteromera gehören noch die forstlich wenig wichtigen Familien: *Mordellidae, Alleculidae, Rhipiphoridae, Pyrochroidae, Anthicidae, Oedemeridae, Layriidae* und *Pythidae.*

Bestimmungstabelle der Gattungen und Arten innerhalb der Familienreihe Heteromera.

1. Fam. ***Tenebrionidae.***

Tenebrio molitor L. (Mehlkäfer). Braunschwarz, fettglänzend. 15 mm. Larve als „Mehlwurm" bekannt, gelb.

Opatrum sabulosum Lt. Mattschwarz, Halsschild viel breiter als lang. Flügeldecken mit $\pm$ deutlichen Punktstreifen. Halsschild durchaus gleichmäßig gekörnelt. 7—10 mm. (Wurzelfresser.)

Opatrum tibiale F. Mattschwarz. Flügeldecken ohne Punktstreifen. Halsschild mit einigen glatten punktfreien Stellen. 3,5—4,5 mm. (Wurzelfresser, Kiefer.)

2. Fam. ***Melandryidae.***

Serropalpus barbatus Schall. Schwarzbraun. Oberseite fein gelb anliegend behaart. Fühler, Beine, Taster rostrot. Kiefertaster mit großem beilförmigem Endglied. 8—18 mm. Zylindrisch. (Elateridenförmig.) Technisch schädlich. (In Tanne.)

3. Fam. ***Meloidae.***

Lytta vesicatoria L. (spanische Fliege). Goldgrün. Fühler und Beine dunkler. Unterseite grauweiß behaart. Flügeldecken weich. 11—14 mm. (Mit auffallendem Geruch.) (An Esche.) (Tafel I, Abb. 5.)

V. Familienreihe. **Phytophaga.**

1″ Fühler faden-, schnur- oder borstenförmig. Erstes Fühlerglied
meist kräftig entwickelt; dicker als die folgenden. Kopf wenig
oder nicht schmäler als die Flügeldecken, oder klein, vorne nie
in eine mäßig lange, abgestutzte Schnauze verlängert. Flügeldecken
mit ± deutlich abgesetzten Epipleuren, selten stark verkürzt und
mit vorgestreckten Unterflügeln. Hinterhüften schmal. Pygidium
einfach, gerade vorgestreckt oder von den Flügeldecken bedeckt.

2″ Fühler meist borstenförmig, zur Spitze verjüngt, meist länger
als der halbe Körper. Schienen mit zwei deutlichen (nur bei den
Lamiiden mit zwei feinen) Endspornen. Augen meist stark
ausgerandet und vom Vorderrand des Halsschildes entfernt.
Körper stets gestreckt, oben oft fein behaart (Tafel I, Abb. 6),
Larven weiß, meist beinlos, oder mit rudimentären Beinen; im
Holz.   Fam. *Cerambycidae.* (Bockkäfer.) S. 20.

2′ Fühler meist faden- oder schnurförmig (oder zur Spitze verdickt), meist kürzer als der halbe Körper. Schienen ohne Dornen,
oder sie sind sehr schwer kenntlich. Augen meist den Vorderrand
des Halsschildes berührend. Körper meist oval oder rundlich,
meist kahl (Tafel II, Abb. 7). (Larven mit kräftigen Beinen,
meist bunt gefärbt, frei an Pflanzen lebend.)
    Fam. *Chrysomelidae.* (Blattkäfer.) S. 25

1′ Fühler derb, etwas zusammengedrückt, ± gesägt oder gekämmt mit
schwach entwickelten, nicht stärker verdicktem Basalglied. Kopf
klein, schmäler als die Flügeldecken, vorn in eine mäßig lange,
abgestutzte Schnauze verlängert. Flügeldecken ohne abgesetzte
Epipleuren. Pygidium groß, dreieckig, stark abfallend, von den
Flügeldecken nicht bedeckt. Hinterhüften breit, mit bogig ab-
gerundetem Hinterrand. Körper kurz, gedrungen, stets fein, dicht
behaart. (Larven fußlos; in Samen von Leguminosen.)
    Fam. *Bruchidae. (Lariidae.)* (Samenkäfer) S. 27.

Bestimmungstabelle der Gattungen und Arten innerhalb der Familien-reihe Phytophaga.

1. Fam. *Cerambycidae.*

1″ Kopf schräg nach vorn geneigt, nicht senkrecht abfallend. Vorderschienen ohne Furche auf der Innenseite. Endglied der Taster abgestutzt.   Gattungsgruppe **Cerambycinae.** S. 21.

1′ Kopf vorn senkrecht abfallend. Vorderschienen auf der Innenseite mit einer scharfen Furche. Endglied der Taster zugespitzt.

Gattungsgruppe **Lamiinae.** S. 23.

Gattungsgruppe **Cerambycinae.**

1″ Flügeldecken stark verkürzt, die häutigen Flügel hinter den kurzen Decken stark vorragend. (Necydalini.)
Fühler beim ♂ länger als der Körper. Flügeldecken dunkelbraun. Schenkel keulenförmig verdickt. 6—13 mm. (Fichte.)

Caenoptera minor L. (Kurzdeckenbock.)

1′ Flügeldecken nicht verkürzt, höchstens die Hinterleibsspitze freilassend. Kopf hinter den Augen nicht eingeschnürt. Fühler den Halsschildhinterrand stets erreichend. Halsschild ohne scharfe Seitenkante.

2″ Halsschild mit deutlichen Seitendornen.

3″ Flügeldecken schwarz oder braunschwarz mit heller, rötlichbrauner Spitze. Nahtwinkel der Flügeldecken in einen scharfen Zahn ausgezogen. 30—50 mm. (Eiche.)

Cerambyx cerdo L. (Großer Eichenbock.)

3′ Flügeldecken und Körper metallisch grün. 20—32 mm. (Weide, Pappel.) **Aromia moschata** L. (Moschusbock.)

2′ Halsschild ohne deutliche Seitendornen.

3″ Flügeldecken immer mit heller, gelber, scharf abgesetzter, gewöhnlich Querbinden bildender Zeichnung (schwarz mit gelben Binden).

4″ Fühlerbasalgruben ebensoweit voneinander entfernt wie die Innenränder der Augen. Halsschild so lang wie breit, kugelig, oder länger als breit. (*Clytus.*)

5″ Flügeldecken schwarz mit einer horizontalen Quermakel hinter der Flügeldeckenbasis, zwei gelben Binden und gelber Spitze. Schwarz, Fühler und Beine rotgelb. 10—12 mm. (Laubholz.) **Clytus arietis** L.

5′ Die horizontale Quermakel hinter der Flügeldeckenbasis schief nach innen verlaufend. Sonst wie *arietis.* Schwarz. Fühler, Schienen, Tarsen rotbraun. 8—14 mm. (An Lärche, Zirbe, Kiefer.) **Clytus lama** Muls.

4′ Fühlerbasalgruben weniger weit voneinander entfernt als die Augeninnenränder. Halsschild breiter als lang. Fühlerglieder von der Mitte an mit ausgezogenen äußeren Spitzenecken. (*Plagionotus.*) Schwarz. Drei Querbinden auf dem Halsschild gelb, Schildchen, eine längliche oder ovale Makel unmittelbar an der Naht etwas vom Schildchen entfernt, eine Längsmakel am Seitenrand unter der Schulter und vier Querbinden (die letzte an der Spitze) gelb. Zeichnung variierend. 9—18 mm. (Eiche.)

Clytus (Plagionotus) arcuatus L. (Eichenwidderbock.)

3′ Flügeldecken ohne helle Querbinden.

4″ Augen deutlich zweigeteilt.

5″ Halsschild matt, auf der Scheibe dicht runzlig punktiert. Schwarz. Flügeldecken gelbbraun mit basaler heller, gelber Haarquerbinde. Fühler, Beine rotbraun. 10 bis 24 mm. (Fichte, Kiefer.) (Tafel I, Abb. 6.)

Tetropium fuscum F. (Fichtenbock.)

5′ Halsschild glänzend, auf der Scheibe fein und weitläufig punktiert. Schwarz mit gelbbraunen Flügeldecken oder ganz schwarz. Fühler rotbraun. 10 bis 16 mm. (Fichte, Kiefer.)[1]

Tetropium castaneum L. *(luridum.)*

4′ Augen nur nierenförmig ausgeschnitten.

5″ Augen sehr grob facettiert. Gestalt schlank nach hinten verengt. Halsschild quer niedergedrückt mit flachen Eindrücken. Hell- bis dunkelbraun. Matt. 8—15 mm. (Kiefer.)

Criocephalus rusticus L. (Grubenhalsbock.)

5′ Augen sehr fein facettiert.

6″ Vorderbrust zugespitzt, die Vorderhüften gar nicht oder nur als schmale Lamelle trennend.

7″ Halsschild an den Seiten stark winklig erweitert. Körper niedergedrückt. Die schlanken Fühler etwas länger als der Körper. Flügeldecken rot. Ganze Oberseite mit feuerrotem samtartigem Toment dicht bedeckt. 9—11 mm. (Laubholz.)

Pyrrhidium sanguineum L. (Roter Scheibenbock.)

---

[1] An Lärche meist *Tetropuim Gabrieli* Weise.

7′ Halsschild an den Seiten einfach gerundet. Körper flach, breit.

8″ Oberseite blau. Flügeldecken grob punktiert. 10—15 mm. (Laubholz.)

Callidium violaceum L.

8′ Oberseite metallisch grün. Flügeldecken grob punktiert, nach hinten mit groben, netzartig verbundenen Runzeln. 11—13 mm. (Laubholz.)

Callidium aeneum Dez.

6′ Vorderbrust ± breit, die Vorderhüften entsprechend ± voneinander trennend.

7″ Vorderbrust sehr breit. Die Vorderhüften stark auseinandertreibend. Körper flach. Die kräftigen Fühler erreichen kaum die Flügeldeckenmitte. Halsschild mit zwei glänzenden Schwielen auf der Scheibe. Seiten rund. Pechschwarz oder braun, grau behaart. Flügeldecken oft mit einigen dichten bindenartig angeordneten Flekken. 8—20 mm. (In totem, verarbeiteten Nadelholz.) **Hylotrupes bajulus L. (Hausbock.)**

7′ Vorderbrust mäßig breit, die Vorderhüften wenig trennend. Fühler so lang wie der Körper. 3. bis 10. Fühlerglied nach innen und außen in einen Dorn ausgezogen. Halsschild ohne glänzende Schwielen auf der Scheibe. Seiten oft stark (eckig) erweitert. Flügeldecken grün erzfarben. 18 bis 24 mm. (Ahorn.)

Rhopalopus insubricus Hrbst. (Ahornbock.)

Gattungsgruppe **Lamiinae.**

1″ Halsschild mit Seitendornen oder spitzem Höcker am Seitenrand. (*Lamia.*)

2″ Schenkel gegen die Spitze keulenförmig verdickt. Oberseite hell.

3″ Fühler auffallend lang; beim ♀ 1,5—2-, beim ♂ 2—5mal so lang wie der Körper. Körper breit, kurz. Hell- bis grau-braun, mit zwei schrägen, dunkleren, + deutlichen Querbinden. 13—19 mm. (Kiefer.)

Acanthocinus aedilis L. (Zimmerbock.)

3′ Fühler wenig länger als der Körper. Fühler mit langen Haaren bewimpert. Flügeldecken abgestutzt; walzig; vor der Mitte mit einer schneeweißen Querbinde, auf der schwarze Borstenbüschel stehen. Rötlichbraun oder braun, anliegend scheckig behaart. 5—6,5 mm. (Kiefer.)

Pogonochaerus fasciculata Geer. (Kiefernzweigbock.)

2′ Schenkel gegen die Spitze nicht keulenförmig verdickt. Oberseite dunkel.

3″ Fühler kürzer als der Körper. Dunkel, matt, plump. Flügeldecken kaum doppelt so lang wie zusammen breit. 20—30 mm. (Weide, in Stöcken.) **Lamia textor L. (Weberbock.)**

3′ Fühler länger als der Körper. Körper langgestreckt. Flügeldecken zumindest zweimal so lang wie zusammen breit.

4″ Beine schwarzbraun. Körperbehaarung graugelb.

5″ Das gelbe Schildchen nicht geteilt, ohne nackte Mittellinie. Flügeldecken auf der Mitte mit seichtem Quereindruck. 26—32 mm. (Fichte.)

Monochamus sartor F. (Schneiderbock.)

5″ Das gelbe Schildchen in der Mitte nackt, durch eine kahle Mittellinie geteilt. Flügeldecken auf der Mitte ohne seichtem Quereindruck. 26—32 mm. (Fichte, Kiefer.) **Monochamus sutor L. (Schusterbock.)**

4′ Beine braunrot, Körperbehaarung rötlich. Schildchen bloß bis zur Mitte geteilt. (Kiefer.)

Monochamus galloprovincialis Ol.

1′ Halsschild ohne Seitendornen.

2″ Klauen nicht gezähnt. Flügeldecken gelbgrau bis grünlich. Beine meist von der gleichen Farbe. (*Saperda.*)

3″ Groß, 22—28 mm lang, Flügeldecken einfarbig mit dichtem grauen bis gelblichbraunen Filz bedeckt. (Pappel, Weide, Aspe.) **Saperda carcharias L. (Großer Pappelbock.)**

3′ Kleiner. Höchstens 20 mm lang. Flügeldecken grau-gelb-grün. Halsschild mit gelbem Seitenband. Jede Flügeldecke mit 4—5 gelben Flecken. 8—13 mm. (Aspe, Weide.)

Saperda populnea L. (Kleiner Pappelbock.)

2′ Klauen gezähnt. Flügeldecken einfarbig dunkel (schwarz). Beine meist hell. (*Oberea*.)

3″ Halsschild rotgelb mit zwei schwarzen Punkten. Flügeldecken schwarz. Beine rötlichgelb. 16—20 mm. (In Weiden.)

Oberea oculata L. (Rothalsiger Weidenbock.)

3′ Halsschild dunkel wie die Flügeldecken; bei diesen höchstens der vordere Teil des Seitenrandes gelb. Beine gelb, 11 bis 14 mm. (In Hasel.) **Oberea linearis L. (Haselbock.)**

2. Fam. *Chrysomelidae*. Blattkäfer.

Larven meist lebhaft gefärbt; mit Warzen besetzt; sie haben Fühler und Beine.

1″ Körper $\pm$ halb eiförmig. Larven frei lebend.

2″ Fühler an der Basis weit von einander entfernt.

3″ Flügeldecken verworren punktiert.

4″ Flügeldecken einfarbig rot ohne dunkle Flecken (oder rotgelb). Große Formen.

5″ Flügeldecken an der Spitze geschwärzt, sonst rot. 10—12 mm. (Weide.) (Tafel II, Abb. 7.)

Melasoma populi L. (Großer roter Weidenblattkäfer.)

5′ Flügeldecken an der Spitze nicht geschwärzt, ganz rot. 6—9 mm. (Weide.)

Melasoma tremulae F. (Kleiner roter Weidenblattkäfer.)

4′ Flügeldecken strohgelb mit je 9—10 metallisch schwarzgrünen dunklen Punkten auf jeder Flügeldecke (mittelgroße Form). 6—9 mm. (Weide.)

Melasoma vigintipunctata L.

3′ Flügeldecken mit Punktstreifen oder Punktreihen.

4″ Halsschild und Flügeldecken gelbrot, letztere schwarz gefleckt. Halsschildbasis schmäler als die Flügeldecken.

Beine schwarz, Fühler schwarz, mit Ausnahme der Wurzel, diese rötlich. 5—8 mm. (Weide.)

Phytodecta viminalis L.

4′ Metallisch blau oder grün. Kleine Formen.

5″ Grün bis blaugrün. Fühlerglied 2 kürzer als 3. Halsschildbasis ungerandet. Nicht ganz doppelt so lang wie breit. 4—5 mm. (Weide.) **Phyllodecta vitellinae L.**

5′ Blau bis grünblau. Fühlerglied 2 so lang wie 3. Halsschildbasis äußerst fein gerandet. (Weide.)

Phyllodecta vulgatissima L.

2′ Fühler an der Basis einander genähert. (Zwischen den Augen eingefügt.)

3″ Hinterschenkel nicht abnorm verdickt.

4″ Flügeldecken einfarbig, dunkel metallisch blau oder schwarz.

5″ Halsschild, Flügeldecken, Beine, Fühler dunkel metallisch blau. 6—7 mm. (Erle.)

Agelastica alni L. (Blauer Erlenblattkäfer.)

5′ Flügeldecken glänzend schwarzbraun. Halsschild, Beine, Fühler gelbrot. 3—4 mm. (Kiefer.)

Luperus pinicola Dft. (Schwarzbrauner Kiefernblattkäfer.)

4′ Flügeldecken gelb-braun-grau. Nach hinten stark verbreitert, wenig länger als zusammen breit, punktiert. Fühler und Beine zum Teil schwarz. 4—6 mm. (Weide und Birke.)

Lochmaea caprea L. (Gelber Weidenblattkäfer.)

3′ Hinterschenkel keulenförmig verdickt (Sprungbeine). Flügeldecken an der Basis viel breiter als der Halsschild. Metallisch grünblau. 3—4 mm. (Eiche.)

Haltica erucae Ol. (*quercetorum* Foudr.) (Eichenerdfloh.)

1′ Körper walzenförmig. Pygidium von den Flügeldecken nicht bedeckt. Kopf und Halsschild bräunlichrot. Flügeldecken blaßbräunlich. 4—5 mm. (Kiefer.)

Cryptocephalus pini L. (Gelber Kiefernblattkäfer.)

3. Fam. *Bruchidae.* Samenkäfer.

Bruchus cisti F. (= *villosus* F.). Klein, schwarzbraun, gleichmäßig fein behaart. Fühler nach der Spitze verdickt, kürzer als der halbe Leib. Halsschild trapezförmig, quer. Beine schwarz. Schenkel ungezähnt. Pygidium unbedeckt. 2–2,5 mm. (Besenpfrieme, Akazie, Goldregen. Larve im Samen.)

(In Erbsen tritt der Erbsenkäfer *Bruchus pisorum* L. auf.)

VI. Familienreihe. **Lamellicornia.**

1″ Fühler stark gekniet, ihr erstes Glied langgestreckt. Die Keule gekämmt, 3–6gliedrig; ihre Glieder unbeweglich (starr verbunden). Bauch aus fünf Sterniten bestehend. Oberkiefer des ♂ oft stark geweihartig verlängert. (Larven mit längsspaltigem After. Segmente glatt, ohne Querfalten. Beine vorhanden.) (Hirschkäfer — Kammhornkäfer.) Hierher *Lucanus cervus*, der Hirschkäfer.

Fam. **Lucanidae.** (Hirschkäfer.) S. 27.

1′ Fühler schwach gekniet; ihr erstes Glied meist nur wenig verlängert, aber verdickt. Die Keule aus 3–7 einseitig gestellten Blättern bestehend, diese beweglich (nicht starr verbunden). Abb. 10, 11. Bauch aus sechs Sterniten bestehend (nur bei *Trox* fünf). Oberkiefer nie hypotrophisch vergrößert, also zum Kauen geeignet. (Larve mit quergespaltenem After Segmente mit stark gewulsteten Querfalten. Beine gut ausgebildet.) (Maikäfer, Mistkäfer.)

Fam. **Scarabaeidae.** (Blatthornkäfer.) S. 27.

Bestimmungstabelle der Gattungen und Arten innerhalb der Familienreihe Lamellicornia.

1. Fam. *Lucanidae.*

Lucanus cervus L. Der Hirschkäfer.

2. Fam. *Scarabaeidae.*

1″ Fühlerkeule, zumindest deren zwei letzte Glieder matt, grau, staubartig tomentiert. Unter-Fam. **Coprophaginae.** (Dungkäfer.)

1′ Fühlerkeule kahl, glatt, höchstens mit einzelnen Härchen besetzt.

Unter-Fam. **Melolonthinae.** S. 28.

Unter.-Fam *Melolonthinae.*

1″ Hintertarsen mit zwei gleichlangen Klauen. Abb. 9.

2″ Fühlerfächer aus drei Gliedern bestehend. Abb. 10.

Abb. 9.

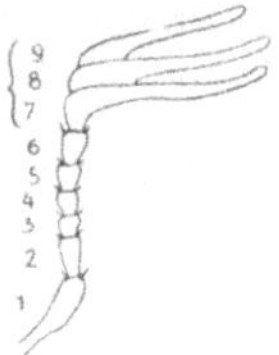

Abb. 10.

3″ Fühler zehngliedrig. (*Rhizotrogus.*)

    4″ Basis des Halsschildes ungerandet. Überall langzottig behaart. Rostrot. 51—81 mm. Pygidium kurz behaart.

        Rhizotrogus aequinoctialis Hrbst.

    4′ Basis des Halsschildes gerandet. Nur der Seiten- und Vorderrand des Halsschildes bewimpert; Basis kahl. Nicht zottig behaart. Pygidium kahl. 12—18 mm.

        Rhizotrogus aestivus Oliv.

3′ Fühler neungliedrig. (*Amphimallus.*)

    4″ Flügeldecken mit kräftigen Dorsalrippen. Der Sporn auf der Innenseite der Vorderschienen steht der Ausbuchtung des vorletzten und letzten Zahnes gegenüber. Lang abstehend behaart. 14—18 mm.

        Amphimallus solstitialis Lin. (Juni-Sonnwendkäfer.)

    4′ Flügeldecken ohne deutliche Längsrippen. Der Sporn am Innenrand der Vorderschienen steht dem äußeren Mittelzahn gegenüber. 10—14 mm.

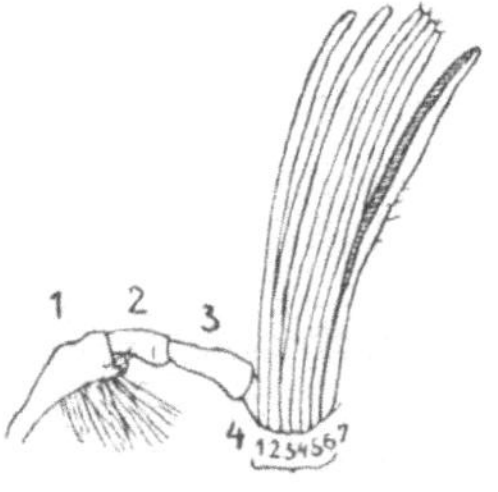

        Amphimallus assimilis Hrbst.

2′ Fühlerfächer aus 5—7 Gliedern bestehend. Abb. 11.

Abb. 11.

    3″ Bauchsegmente mit schuppig weißbehaarten Seitenmarken. Fühlerfächer des ♀: sechsgliedrig; des ♂ siebengliedrig. (*Melolontha.*)

    4″ Pygidiumspitze hinten plötzlich verengt und wieder erweitert (knopfförmig erweitert). (Abb. 13.) Seitenrand der Flügeldecken $\pm$ geschwärzt. Drittes Fühlerglied des ♂ mit Zahn. 20—25 mm.

Melolontha hippocastani Fabr. (Waldmaikäfer.)

4′ Pygidiumspitze nach hinten einfach ausgezogen, nicht geknopft. (Abb. 12.) Drittes Fühlerglied des ♂ ohne Zahn. 20 bis 25 mm.

Melolontha melolontha Lin. (Feldmaikäfer.)

Abb 12.

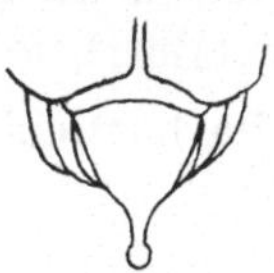
Abb. 13.

3′ Bauchsegmente ohne Seitenmarken. Fühlerfächer des ♀ fünfgliedrig, des ♂ siebengliedrig. (*Polyphylla*.) Flügeldecken schwarzbraun, weißscheckig beschuppt (gesprenkelt). 24 bis 34 mm. **Polyphylla fullo Fabr. (Der Walker.)**

1′ Hintertarsen mit zwei ungleichlangen Klauen. Abb. 14.

2″ Kopfschild stark nach vorne verlängert, vorne konisch verengt, schnauzenförmig, vor der Spitze tief eingeschnürt, diese stark aufgebogen. Abb. 15. (*Anisoplia*.)

Abb. 14.

Abb. 15.

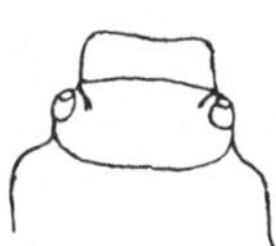
Abb. 16.

3″ Flügeldecken am Seitenrand mit langen, abstehenden steifen Borstenhaaren gesäumt, die bis zur Spitze reichen. Oberseite behaart. Erzgrün. Flügeldecken gelbbraun, gelb oder rotgelb. 10—12 mm.

Anisoplia segetum Hrbst. (Getreidelaubkäfer.)

3′ Flügeldecken nur an der Basis mit wenigen kurzen, starren Börstchen besetzt. Schwarz, Kopf und Halsschild mit grünem Schein. Flügeldecken braungelb bis rotbraun. 13 bis 15 mm. **Anisoplia austriaca Hbrst.**

2′ Kopfschild einfach, viereckig oder rund. Abb. 16.

3″ Hinterschenkel stark verdickt. Halsschild breiter als in der Mitte. Körper gewölbt, nicht dicht behaart. Metallisch gefärbt. Kopf, Halsschild, Unterseite tief erzgrün; Flügeldecken erzbräunlich bis erzgrün. Fühler rötlichgelb, Keule dunkler. 12—15 mm. **Anomala aenea Dez. (Julikäfer.)**

3′ Hinterschenkel wenig dicker als die vorderen. Körper flachgedrückt; lang, dicht behaart. Halsschild schmäler als die Flügeldecken. Flügeldecken gelbbraun, Kopf und Halsschild metallisch grünblau. 9—12 mm.

Phyllopertha horticola Lin. (Kleiner Rosenkäfer, Gartenlaubkäfer.)

VII. Familienreihe. **Rhynchophora.**

1″ Rüssel kurz, oder sehr kurz und breit, oft fast ganz fehlend (*Ipidae*). Abb. 32, 35. Oberkiefer kurz, kräftig entwickelt. Der Kehlausschnitt nimmt die ganze Unterseite des Rüssels in Anspruch.

2″ Oberlippe sichtbar (bisweilen sehr klein). Fühler nicht gekniet; ihre Keule stets lose gegliedert. Fühlerglied 1 nicht länger als 3. Rüssel sehr kurz abgeflacht, breit. Pygidium von den Flügeldecken nicht bedeckt. Schienen außen nicht gezähnelt. Tarsen breit; das dritte zweilappige Glied steckt im gleichfalls zweilappigen zweiten Glied. Halsschild nach vorne stark verjüngt.
Fam. *Anthribidae.* (Breitrüßler.) S. 31.

2′ Oberlippe nicht sichtbar. Fühler gekniet, kurz, ihre Keule selten lose gegliedert, meist knopfförmig und geringelt. Rüssel nur sehr schwach ausgebildet, als solcher kaum erkennbar. Schienen am Außenrand sägeartig gezähnelt (sehr selten glattrandig). Tarsen auffallend dünn. Halsschild sehr kräftig, oft fast kapuzenartig entwickelt.

3″ Erstes Tarsenglied nicht stark verlängert; kürzer als die folgenden zusammen. Kopf schmäler als der Halsschild. Vorderschenkelinnenseite ohne Zahn. (Tafel II, Abb. 10.)
Fam. *Scolytidae. (Ipidae.)* (Borkenkäfer.) S. 42.

3′ Erstes Tarsenglied stark verlängert, so lang wie die übrigen zusammen. Kopf fast breiter als der Halsschild. Halsschildseiten mit einem gebuchteten Ausschnitt für die Vorderschenkel. Vorderschenkelinnenseite mit Zahn.
Fam. *Platypodidae.* S. 60.

1′ Rüssel deutlich mehr oder weniger langgestreckt. Seine Länge wechselnd. (Abb. 17, 19, 23, 24, 25, 26, 30.) Der Kehlausschnitt auf den vorderen Teil der Rüsselunterseite beschränkt, Oberlippe fast immer unsichtbar (nur bei den Nemonychini- [Rhinomacer], sichtbar). Fühler meist gekniet, selten einfach; Wurzelglied meist lang; Keule stets vorhanden. Schienenaußenseite stets ungezähnelt (Tafel II, Abb. 8, 9).

Fam. Curculionidae. (Rüsselkäfer.) S. 31.

Bestimmungstabelle der Gattungen und Arten innerhalb der Familienreihe Rhynchophora.

1. Fam. *Anthribidae*.

Gattung Anthribus.

Anthribus variegatus Geofrr. (= *A. varius* F.). Käfer schwarz. Flügeldecken schwarz, dicht punktiert, gestreift, mit grauen Makeln gesprenkelt. Fein gelbgrau behaart. 2,5—4 mm. (Larve räuberisch bei *Lecanium corni* und *L. racemosum*. Forstlich nützlich.)

Anthribus fasciatus Forst. Käfer schwarz. Flügeldecken rot; die abwechselnden Punktstreifen mit schwärzlichen Gitterflecken. 3—4,5 mm. (Larve räuberisch bei *Lecanium*-Arten.)

2. Fam. *Curculionidae*. (Rüsselkäfer.)

1″ Fühler nicht gekniet. Glied 1 niemals so lang wie die übrigen zusammen. Pygidium von den Flügeldecken meist nicht bedeckt. Körper oft metallisch gefärbt.

Unter-Fam. Rhynchitinae. (Blattroller.) S. 32.

1′ Fühler gekniet. Glied 1 stark verlängert (zum „Schaft“). Die Geißel vom Schaft winklig abgebogen. Schaft oft so lang wie die Geißel.

2″ Rüssel kurz und breit, Fühlerschaft lang, zurückgelegt, die Augen wenigstens erreichend. (Abb. 17, 19, 23, 24.) Einlenkungsstelle der Fühler nahe an der Rüsselspitze (Tafel II, Abb. 8, 9).

Unter-Fam. Curculionides. (Kurzrüßler.) S. 33.

2′ Rüssel lang und meist drehrund, Fühlerschaft kürzer, zurückgelegt, die Augen meist nicht erreichend. (Abb. 25, 26, 30.) Einlenkungsstelle der Fühler meist in der Mitte des Russels.

Unter-Fam. Rhynchaenides. (Langrüßler.) S. 37.

Unter-Fam. *Rhynchitinae*. Blattroller.

1″ Kopf hinter den Augen stark verengt, und halsartig abgeschnürt, mit dem Halsschild stielartig verbunden. Halsschild vorne abgeschnürt. Flügeldecken rot, Halsschild hinten rot, vorne schwarz. Körper schwarz. Flügeldecken mit vorstehenden Schultern. (Vorderschienen innen gekerbt, gezähnelt.) 6—8 mm. (Hasel und andere Laubhölzer.)

Apoderus coryli Lin.

1′ Kopf hinter den Augen nicht verengt und nicht gestielt. (Nur bei *Deporaus* sind die Schläfen durch eine Querfurche hinten halsartig etwas abgeschnürt, aber der Kopf ist nicht gestielt so wie bei *Apoderus*.)

2″ Vorderschienen innen gekerbt oder gezähnelt. Schienen am äußeren Spitzenwinkel mit Hornhaken. Flügeldecken und Halsschild rot. Flügeldecken mit feinen Punktstreifen. 4—6 mm. (Eiche.)

Attelabus curculionides L.

2′ Vorderschienen innen nicht gekerbt und nicht gezähnelt.

3″ Flügeldecken schwarz, fein schwarz behaart. 2,5—4 mm. (Birke, Erle, Eiche, Buche, Hasel.)

Deporaus (Rhynchites) betulae L.

3′ Flügeldecken blau, grün, braun, goldglänzend oder kupferig glänzend.

4″ Flügeldecken purpurrot goldglänzend. 4,5—6 mm. (An Obstbäumen und Hasel.)

Rhynchites Bacchus L.

4′ Oberseite glänzend metallisch grün, goldgrün, rotgoldgrün oder blau. Unterseite dunkel schwarzblau mit nur schwachem Glanz. 4,5—6 mm. (Pappel.)

Byctiscus (Rhynchites) populi Lin.

4 Ober- und Unterseite gleichfarbig, grün, blau, grünlichblau, kupferig oder goldiggrün. 5,5—9 mm. (An Weinrebe, Obstbäumen, Birke, Erle, Linde, Pappel.)

Byctiscus (Rhynchites) betuleti F. Rebenstecher.

Unter-Fam. *Curculionides.* Kurzrüßler.

1″ Kopf hinter den Augen nicht verlängert, (Abb. 17, 19, 21) Halsschild kugelig oder kurz eiförmig; Schildchen nicht sichtbar,
Flügeldecken ohne vorstehende Schultern, (Abb. 19) an der Naht
verwachsen. Unterflügel fehlen (Tafel II, Abb. 8 und 9).

2″ Formen mit freien Fußklauen. (Abb. 18.) Kopf vorgestreckt,
Rüssel an der Wurzel der Fühler lappig erweitert (Abb. 17)
(Pterygium), Flügeldecken an den Schultern stark abgerundet.
(Abb. 19.)   Gattung **Otiorrhynchus Germ.**

I. Vorderschienen an der Spitze beim ♂ und ♀ nicht oder
doch nur nach innen erweitert, gerade oder nach innen gekrümmt.
Ot. niger F. (mittlerer schwarzer Rüsselkäfer): Sehr spärlich grau, staubartig behaart; die Grübchen der Streifen kaum
oder viel dichter grau behaart. Beine rot, Schenkel ungezähnt.

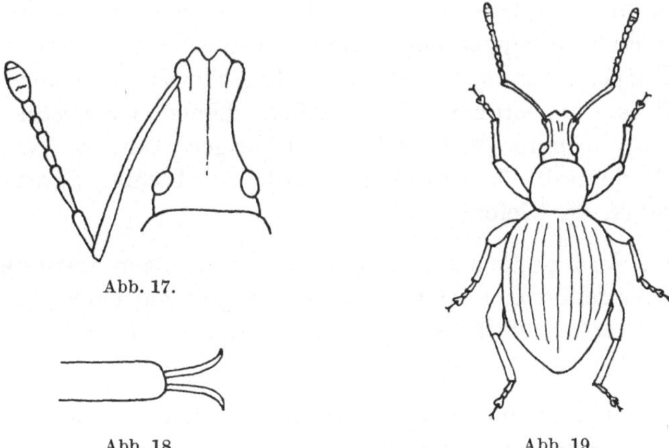

Abb. 17.

Abb. 18.   Abb. 19.

6,5—12 mm (Tafel II, Abb. 8). (Fichte. Larven fressen an
jungen Fichtenwurzeln.)
Ot. sensitivus Scop. (großer schwarzer Rüsselkäfer): Schwarz,
sparsam grau behaart, Rüssel mit erhabener Mittellinie, Flügeldecken nach rückwärts stark verengt; auf dem Rücken abgeflacht, an der Spitze abgestutzt. Alle Schenkel ohne Zahn.
14—16 mm. (Fichte.)
Ot. ovatus L. (kleiner schwarzer Rüsselkäfer): Rüssel nicht
länger als breit. Schwarz, fein grau behaart, Flügeldecken
ziemlich fein punktiert gestreift; die Zwischenräume gerunzelt.
Fühler und Beine rotbraun; Schenkel gezähnt. 4,5—5 mm.
(Fichte.)

Ot. singularis Lin. Rüssel länger als breit. Oberseite mit gleich großen, schmutziggelben und braunen Schuppen etwas scheckig besetzt. Flügeldecken mit ziemlich langen, hellen Borstenhaarreihen in den Zwischenräumen. Schenkel oft undeutlich gezähnt. 6—8 mm. (Käferfraß an Eiche, Obstbäumen und anderen Laubhölzern, auch an 2—4jährigen Tannen und Fichten.)

Ot. raucus Fb. Die abwechselnden Flügeldeckenzwischenräume nicht stärker erhaben. Punktstreifen gleichmäßig. Pechbraun. Flügeldecken dicht mit hellen und grauen oder graubraunen Schüppchen besetzt; daher grau erscheinend. Flügeldecken gescheckt oder einförmig grau. Beine und Fühler meist pechbraun. $6—7^{1}/_{2}$ mm. (An jungen Schwarzkiefernpflanzen, Nadel- und Rindenfraß.)

Ot. scaber L. Die abwechselnden Flügeldeckenzwischenräume stärker erhaben; ebenso die Naht, jedoch schwächer als der 3., 5. und 7. Zwischenraum. Die Zwischenräume zwischen den erhabenen Rippen mit je zwei Reihen grübchenförmiger Punkte. Körper rotbraun mit hellen und dunkelerdfarbenen unregelmäßig fleckig angeordneten Schüppchen. Länge einschließlich Rüssel $5^{1}/_{2}—7$ mm. (Käferfraß an 4jährigen Tannen, Nadel- und Rindenfraß (Escherich); auch an Fichte, Lärche, Eiche, selten an Kiefer.)

II. Vorderschienen gerade, an der Spitze nach innen und außen schaufelförmig erweitert, beim ♂ manchmal nach außen etwas schwächer. Schienen an der Spitze manchmal mit groben Borstenkränzen besetzt.

Ot. chrysocomus Grm. Körper und Beine schlank. Schwarz, glänzend, mit gelben langen Haarschüppchen fleckig besetzt. Halsschild kaum breiter als lang, grob, zerstreut punktiert. Flügeldecken undeutlich gestreift. Beine rotbraun, Schienen gerade. Vogesen, Österreich. (In Österreich Käferfraß an Zirbe und Fichtenpflanzen in Kulturen.) Tafel: II., Abb. 9.

2′ Formen mit am Grunde verwachsenen Fußklauen. (Abb. 20.)

3″ Fühlerschaft die Augen kaum überragend, Fühler nicht auffallend verdünnt.

Abb. 20.

4″ Kopf hinter den Augen nicht eingeschnürt, Körperform beinahe kugelig, Flügeldecken mit feinen, runden, weißlichen und bräunlichen Schüppchen dicht bekleidet; in den breiten Zwi-

schenräumen mit weißen abstehenden Börstchen. 4—5 mm.
(Kiefer.) **Cneorrhinus plagiatus Schall.**

4′ Kopf hinter den vorstehenden Augen eingeschnürt.
(Abb. 21.) Gattung **Strophosomus.**

Strophosomus capitatus Deg. (= *rufipes* Steph. und
obesus Marsh). Rüssel ohne Mittelrinne, Oberseite dicht
mit glanzlosen, bräunlichen und grauen Schuppen bedeckt; einfärbig. 4—5 mm. (Kiefer.)

Strophosomus melanogrammus Först. (*coryli* F.). Rüssel
mit feiner Mittelrinne. Flügeldeckennaht gegen das Schildchen zu unbeschuppt, schwarz. 4—5 mm. (Fichte.)

3′ Fühlerschaft die Augen weit überragend — Fühler auffallend
verdünnt. Gattung **Brachyderes Schönh.**

Br. incanus L. Langgestreckt und schmal; pechbraun, mit
grauen und braunen, zum Teil metallisch glänzenden
Schüppchen nur schütter bekleidet. Rüssel der Länge nach
nur schwach vertieft. Flügeldecken seicht punktiert gestreift. 8—11 mm. (Kiefer, Nadelfraß.)

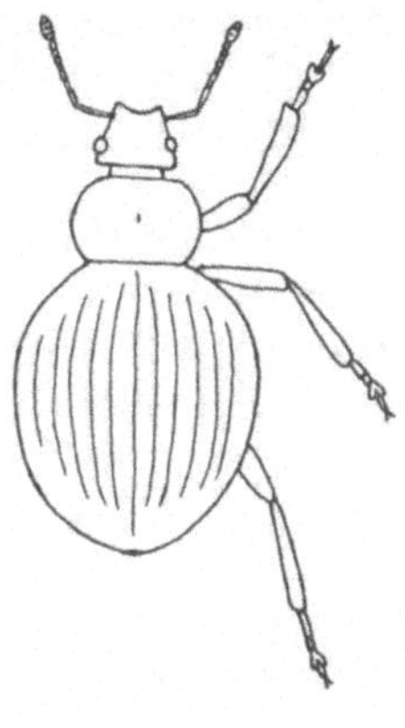

Abb. 21. Abb. 22.

1′ Kopf hinter den Augen verlängert, Halsschild fast zylindrisch;
Schildchen deutlich — Flügeldecken an der Naht nicht verwachsen,
mit vorstehenden Schulterbeulen und parallelen Außenrändern.
Körperform also langgestreckt. (Ab. 22.) Unterflügel vorhanden.
(Gruppe: *Phyllobiini.*)

2″ Formen mit freien Fußklauen. Rüssel mit vertiefter Mittelfurche, Fühlerfurchen scharf ausgeprägt und unter die Augen winklig herabgebogen. Gattung **Sitona** Germ.

Sitona lineata L. Flügeldecken mit parallelen Seitenrändern und abgerundeter Spitze. Oberseite des Käfers braun oder grau. Halsschild breiter als lang, mit drei hellen beschuppten, geraden Längsstreifen. 4—5 mm. (Käfer polyphag.)

2′ Formen mit am Grunde verwachsenen Fußklauen.

3″ Fühlerfurchen unter die Augen herabgebogen. (Abb. 23). Rüssel sehr kurz, vierkantig, Fühlerfurchen tief, scharf nach abwärts gebogen, Körper weich beschuppt.

Gattung **Polydrosus** Germ.

Abb. 23.

Polydrosus impar Gozis. (= *Metallites mollis* Germ.) Weichhaariger Metallrüßler. Oberseite grün beschuppt, Naht, 9. und 10. Zwischenraum der Flügeldecken unbeschuppt und bräunlich. Fühler und Beine blaßgelbbraun. — Flügeldecken fein punktiert gestreift, die Zwischenräume der Streifen fast viermal so breit als die Punkte; 6—8 mm. (Fichte, Tanne, Kiefer.)

Polydrosus atomarius (= *Metallites atomarius* Oliv.). Schwarzbraun oder gelbbraun, mit, wenn noch nicht abgerieben, gewöhnlich grünen oder blaugrünen, niederliegenden haarförmigen Schuppen dicht bekleidet. Flügeldecken tief punktiert gestreift, die Zwischenräume der Streifen auf der Scheibe kaum mehr als doppelt so breit wie die Punkte. (Fichte, Tanne, Kiefer.)

Zu nennen sind noch:

Polydrosus mollis Ström. (= *micans* F.) (*Eudipnus mollis*) (Laubholz) und

Polydrosus cervinus L. (*Eustolus cervinus* L.) (Laubholz).

3′ Fühlerfurchen nicht unter die Augen herabgebogen, nach der Oberseite des Rüssels konvergierend, sehr breit, kurz

und seicht. (Abb. 24.) Fühlerschaft die sehr vorspringenden Augen weit überragend. Gattung *Phyllobius* Schönh.
(Grünrüßler).

4''' Alle Schenkel mit einem großen Zahn. Rücken des Rüssels
mit einer breiten Längsfurche — Körper schwarz, unbeschuppt, Beine rötlich.
Flügeldecken mattschwarz,
Zwischenräume der Flügel-
deckenstreifen mit kurzer,
anliegender, bräunlicher Behaarung; 7–9 mm. (Erle.)
Phyllobius calcaratus F.
(=*glaucus* Strl.)

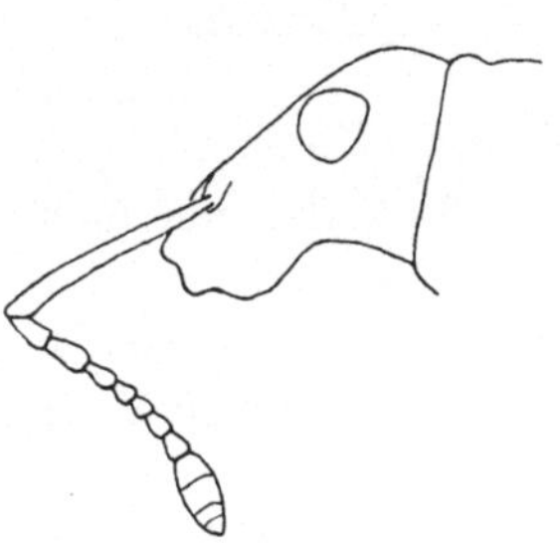
Abb. 24.

4'' Alle Schenkel mit einem kleinen, aber deutlichen Zahn.

5'' Flügeldecken nur mit halbaufgerichteten langen Haaren
besetzt, sonst kahl glänzend. Länglich, schwarz,
Flügeldecken heller oder dunkelbraun,- oft mit
dunklem Rande. Flügeldecken punktiert-gestreift.
Fühler und Beine gelb bis gelbbraun. 4–5 mm. (An
Laubhölzern.)   **Ph. oblongus L.**

5' Oberseite mit anliegenden haarförmigen, grüngoldigen
oder kupfrigen Schuppen dicht bekleidet. Schwarz
oder braun, Körper plump. Schildchen dicht weiß
beschuppt. Halsschild mit erhabener Mittellinie. Fühler
rotgelb, Beine dunkler. 5,5 bis 8 mm. (Laubholz.)

Ph. piri L.

4' Alle Schenkel ohne Zahn. Ober- und
Unterseite fast kahl, nur die Halsschildseiten und Brust grün beschuppt. 3,5 bis
4 mm. (Laubholz.)   **Ph. viridicollis F.**

Unter-Fam. **Rhynchaenides.** Langrüßler.

1'' Pygidium von den Flügeldecken bedeckt.

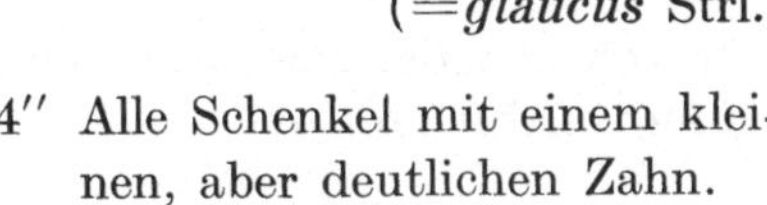

2'' Vorderhüften in der Mittellinie aneinanderstoßend; Einlenkungsstelle der Fühler endständig. (Abb. 25.)
Schenkel gezähnt. Gattung *Hylobius* Schönh.

Abb. 25.

3″ Halsschild längsrissig gerunzelt, Zwischenräume der Flügeldeckenpunktstreifen etwa doppelt so breit wie die Punktstreifen, nach der Basis nicht verengt. Düster dunkelbraun, glanzlos mit dunkelgelb behaarten Binden und Fleckenzeichnungen auf den Flügeldecken. 9—14 mm. (Alle Nadelhölzer; Larven Wurzelbrüter; Käfer: Platzfraß an Kulturpflanzen.)

Hylobius abietis L. (Großer brauner Rüsselkäfer.)

3′ Halsschild nicht längsgerunzelt, Zwischenräume der Punktstreifen nach der Basis verengt, Punktstreifen hier fast zur gleichen Breite der Zwischenräume erweitert. 7—9 mm. (Alle Nadelhölzer.) **Hylobius pinastri Gyll.**

2′ Vorderhüften in der Mitte von einander abstehend. Fühler nahe an der Rüsselmitte eingefügt. (Abb. 26.)

3″ Rüssel nicht in eine Furche der Mittelbrust einlegbar. Gattung *Pissodes* Germ.

Abb. 26.

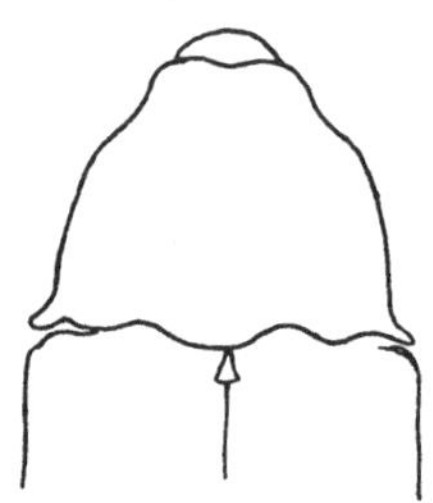

Abb. 27.

4″ Halsschild an der Basis am breitesten, Hinterwinkel spitzig, Basis stark doppelbuchtig. (Abb. 27.)

5″ Punkte in den Deckenstreifen ungleich, grubig. Die abwechselnden Zwischenräume viel breiter und erhabener. Gelbfleckig, die gelbe Außenbinde hinter der Mitte breit. 7—10 mm. (Tanne; Larven: Strahlenfraß; Verpuppung: in Spanpolsterwiege wie bei allen übrigen *Pissodes*-Arten.)

Pissodes piceae Hl. (Tannenpissodes.)

5′ Die Punkte und Streifen dicht und regelmäßig, die abwechselnden Zwischenräume wenig breiter als die andern. Mit zwei hellen queren Schuppenbinden, hiervon die vordere in der Mitte unterbrochen — die hintere zweifärbig. 5—7 mm. (Kiefer.)

P. notatus Fabr. (Kiefernkulturpissodes.)

4' Halsschild hinter der Mitte am breitesten, nach vorn und rückwärts etwas eingezogen, (Abb. 28 und 29) Hinterwinkel rechteckig oder abgestumpft.

5'' Halsschild mit rechteckigen Hinterwinkeln. (Abb. 28).

6'' Streifen der Flügeldecken breit, grob grubenförmig punktiert. Dunkelbraun, matt, mit zwei in Makeln aufgelösten Binden, die vorderen aus zwei schräggestellten Punktflecken bestehend. 7—9 mm. (Kiefer.)

P. pini L. (Kiefernaltholzpissodes.)

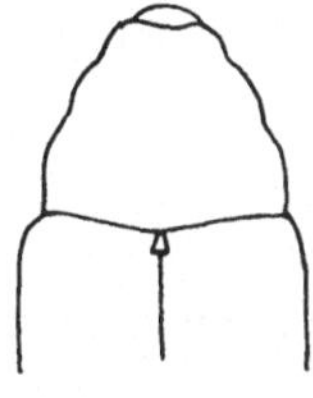

Abb. 28.

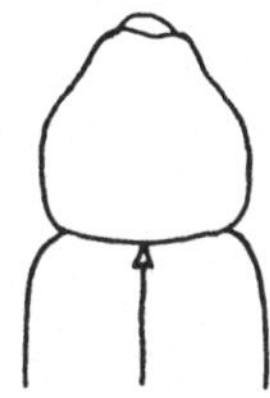

Abb. 29.

6' Streifen der Flügeldecken schmal, gleichmäßig, nicht grubenförmig eingerissen.

7'' Größer, mit zwei Schuppenbinden, die vordere meist aus zwei Flecken bestehend, die hintere breit und fast vollständig, Fühlerkeule und Tarsen schwarz. 5—6 mm. (Kiefer.)

P. validirostris Gyll. (Kiefernzapfenpissodes.)

7' Kleiner, Flügeldecken stärker gestreift, die vordere rudimentäre Schuppenbinde auf einen Punkt reduziert. 4—5 mm. (Fichte.)

P. scabricollis Mill.

5' Halsschild mit abgerundeten Hinterwinkeln. (Abb. 29.)

6'' Grundfarbe schwarz, Flügeldecken mit zwei hellgelben unterbrochenen Schuppenbinden. 5—6 mm. (Fichte.)   **P. harcyniae** Hbst. (Harzrüsselkäfer.)

6' Grundfarbe rostrot. Flügeldecken mit nur einer breiteren gelben Schuppenbinde hinter der Mitte. 4—5 mm. (Kiefer.)

P. piniphilus Hbst. (Kiefernstangenpissodes.)

3′ Rüssel in eine Furche der Mittelbrust einlegbar. Flügeldecken nach hinten verengt, im letzten Drittel kalkweiß. (Erle.)

Cryptorrhynchus lapathi L. (Erlenwürger.)

1′ Pygidium von den Flügeldecken nicht bedeckt,[1] oder Klauen gezähnt.

2″ Hinterschenkel stark verdickt, zum Springen eingerichtet. Gattung *Orchestes* Ill. Springrüßler.

3″ Flügeldecken gelbbraun, Hinterschenkel sägeartig gezähnt. 2,5—3,5 mm. (Eiche.)

Orchestes quercus L. (Eichenspringrüßler.)

3′ Flügeldecken schwarzbraun, gleichmäßig grau behaart, deutlich gestreift-punktiert. 2,5 mm. (Buche.)

Orchestes fagi L. (Buchenspringrüßler.)

2′ Hinterschenkel nicht verdickt, keine Springbeine.

3″ Hinterleibsringe 2—4 zahnartig verlängert. Gattung *Cionus* Clairv.

Rotbraun, grau beschuppt, in der Mitte eine pechschwarze Makel unpaar auf beide Flügeldecken übergreifend. 3 bis 3,5 mm. (Esche.)

Cionus fraxini Deg. (Eschenrüsselkäfer.)

3′ Hinterleibsringe nicht zahnartig verlängert.

4″ Körperumriß rhombisch, Rüssel sehr lang, dünn gebogen. Gattung *Balaninus* (Nußbohrer). (Abb. 30.)

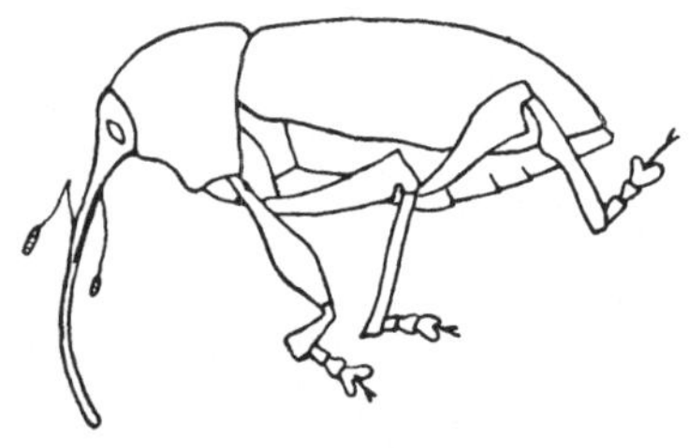

Abb. 30.

5″ Schildchen lang und schmal, Rüssel des ♀ so lang wie der Körper, doppelt so lang wie beim ♂. 6—9 mm. (Larve in Eiche und Edelkastanie.)

Balaninus elephas Gyll.

---

[1] Bei trockenem Material oft eingeschrumpft und eingezogen.

5′ Schildchen ± quadratisch.

6″ Flügeldecken hinten längs der Naht mit einem auf-
rechtstehenden Haarkamm. Fühler dicht behaart.
6—9 mm. (Larve in der Haselnuß.)

B. nucum L. (Nußrüßler.)

6′ Flügeldecken hinten längs der Naht ohne Haarkamm. Fühler spärlich behaart. 4—8 mm. (Eichel.)

B. glandium Mrsch. (Eichelrüßler.)

4′ Körper gestreckt, länglich.

5″ Hinterecken des Halsschildes nach unten spitzeckig.
(Abb. 31.) Gattung *Magdalis* Germ.

6″ Augen aus der Wölbung des Kopfes
stark hervortretend. Oberseite blau
oder grün. 4—5 mm. (Kiefer, Fichte.)

Magdalis phlegmatica Hbst.

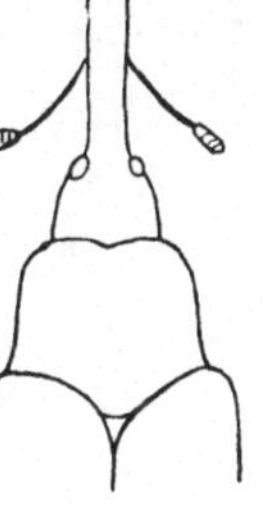

6′ Augen aus der Wölbung nicht hervortretend.

7‴Oberseite, Fühler und Beine rot.
3,5—4 mm. (Kiefer.)

M. rufa. Grm.

Abb. 31.

7″ Oberseite ganz schwarz, glänzend. 5—9 mm.
(Kiefer.)   **M. memnonia** Gyll.

7′ Oberseite blau oder grün. Die Arten:

M. frontalis Gyll. (Kiefer.)
M. duplicata Germ. (Kiefer.)
M. violácea L. (Fichte.)

5′ Hinterecke des Halsschildes nicht spitzeckig. Schildchen groß erhaben, Flügeldeckenvorderrand erhaben.

6″ Fühler vor der Mitte eingelenkt. Gattung *Anthonomus* Germ. Flügeldecken einfarbig rotbraun, grau
behaart. 3 mm. (Kiefernblüten.)

Anthonomus varians Payk. (Kiefernblütenstecher.)

6′ Fühler hinter der Mitte eingelenkt. Gattung *Brachonyx* Schönh. Flügeldecken rotgelb 2,8 mm (Kiefer.)

Brachonyx pineti Payk. (Kiefernscheidenrüßler.)

3. Fam. *Scolytidae*. *(Ipidae.)*

Bestimmungstabelle der Unterfamilien.

1″ Halsschild an den Seiten kantig gerandet. Flügeldecken gegen die Spitze fast horizontal verlaufend; Bauch vom zweiten Segment an nach der Spitze steil aufsteigend. Schienen außen glattrandig, Außenecke hakig nach innen gebogen. Abb. 32.

Unter-Fam. Scolytinae. S. 43.

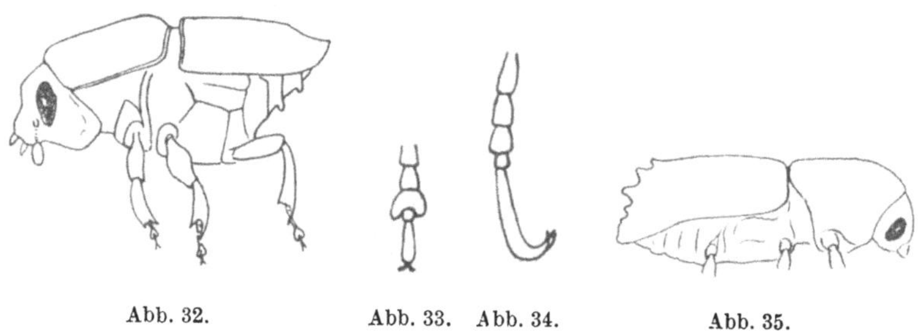

Abb. 32.   Abb. 33.   Abb. 34.   Abb. 35.

1′ Halsschild an den Seiten ungerandet. Flügeldecken mit steiler Absturzfläche, Bauch meist gerade verlaufend. (Abb. 35, 51.) Schienen außen gezähnelt.

2″ Halsschild gleichartig punktiert. Drittes Tarsenglied meist herzförmig oder zweilappig [Abb. 33] (mit Ausnahme von *Polygraphus*, *Carphoborus*). Kopf von oben meist sichtbar. (Abb. 49, 51.)

Unter-Fam. Hylesininae. S. 44, 45.

2′ Halsschild vorne runzelig, gekörnt oder gehöckert, nach hinten zu punktiert (nur bei *Crypturgus* ist der Halsschild ganz und gleichmäßig punktiert) oder glatt. (Abb. 71, 73, 76, 77.) Drittes Fußglied einfach, kurz zylindrisch. (Abb. 34.) Kopf von oben meist nicht sichtbar, sondern vom Halsschild verdeckt (Tafel II, Abb. 10). Abb. 35.

Unter-Fam. Ipinae. S. 50, 51.

1. Unterfamilie Scolytinae. Tabelle zur Bestimmung der Arten der Gattung Scolytus Geoffr. (= *Eccoptogaster*).

1″ Zweiter Bauchring mit einem horizontalen großen, dornförmigen Fortsatz in der Mitte. 2—3,5 mm. (Ulme, einarmiger Längsgang.) Abb. 36.				**S. multistriatus** Mhrs. (Kleiner Ulmensplintkäfer).
1′ Zweiter Bauchring ohne horizontalen Fortsatz.	2″ Flügeldecken mit zweierlei Punktstreifen: Hauptstreifen mit g r o b e n, Zwischenstreifen mit f e i n e n Punkten; diese r e g e l m ä ß i g oder ± u n r e - g e l m ä ß i g.	3″ Puntke der Zwischenstreifen u n r e g e l - m ä ß i g, d. h. ± von der Geraden abweichend, nicht in einer Reihe stehend.	4″ Stirn beim Weibchen mit kraftigem, beim Männchen mit feinerem und kürzerem Längskiel. Bauchring 1 senkrecht abfallend. Männchen: 3. Bauchring in der Mitte mit einem knopfförmigen Hocker. 4. Bauchring am Hinterrand mit erhöhter Leiste, 4,5—7 mm. (Birke, einarmiger Längsgang.) Abb. 37.	**S. Ratzeburgi** Janson (Großer Birkensplintkäfer).
			4′ Stirn ohne Längskiel, mit feiner, samtartiger Behaarung. Bauchring 1 allmählich abfallend, 3. und 4. Bauchring mit einem knopfförmigen Höckerchen in der Mitte des Hinterrandes. 4—6 mm. (Ulme, einarmiger Längsgang.) Abb. 38.	**S. scolytus** Fabr. (Großer Ulmensplintkäfer).
		3′ Punkte der Zwischenstreifen r e g e l m ä ß i g, d. h. in einer geraden Reihe stehend.	4″ Stirn am Scheitel mit kurzem Mittelkiel. Bauchring 1 ± senkrecht abfallend. Männchen: 4. Bauchring mit einem Hockerchen. Naht bis vor die Mitte der Flugeldecken eingedrückt, 3,5—4,5 mm. (Ulme, einarmiger Längsgang.)	**S. laevis** Chap. (Mittlerer Ulmensplintkäfer).
			4′ Stirn am Scheitel ohne deutlichen, kurzen Mittelkiel. 3. und 4. Bauchring am Spitzenrand in beiden Geschlechtern ohne Höckerchen. 5″ Naht bis über die Mitte der Flügeldecken furchig eingedrückt, 3—4 mm. (Obstbäume, einarmiger Längsgang.)	**S. mali** Bechst. (Großer Obstbaumsplintkäfer).
			5′ Naht nur um das Schildchen eingedrückt. 3—3,2 mm. (Buche, einarmiger Quergang.)	**S. carpini** Ratzeb. (Hainbuchensplintkäfer).
	2′ Flügeldecken zwischen den Hauptstreifen an Stelle der punktierten Zwischenstreifen n a d e l r i s s i g oder q u e r - r u n z e l i g, daher matt.	3″ Halsschild kurzer als breit, stark glänzend. 3—4 mm. (Eiche, einarmiger Quergang mit langen Larvengängen.)		**S. intricatus** Ratzb.
		3′ Halsschild länger als breit, wenig glanzend. 2—2,5mm. (Obstbäume, einarmiger Längsgang.)		**S. rugulosus** Ratzb. (Kleiner Obstbaumsplintkäfer).

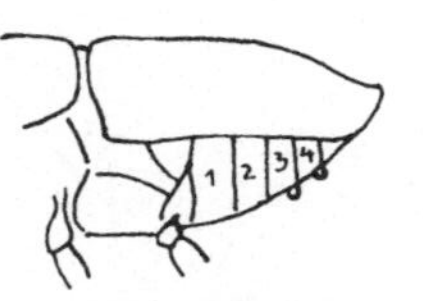

Abb. 36.

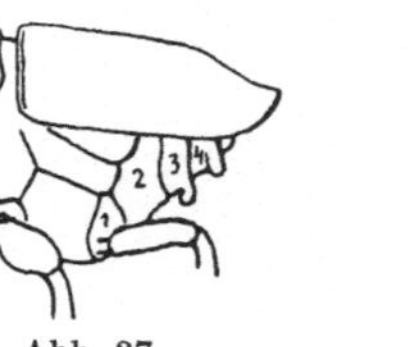

Abb. 37.

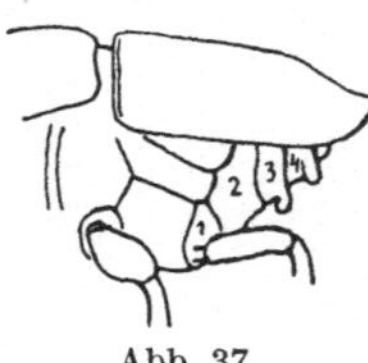

Abb. 38.

1'' Basalrand der Flugeldecken gekerbt, gezahnelt oder gehockert; ± aufgebogen. Abb. 39.

2'' Der gezähnelte Basalrand der Flugeldecken ist jederseits meist stark gegen das Schildchen nach hinten gebogen und hier unterbrochen. 3. Tarsenglied zweilappig. Abb. 40, 41, 42.

3'' Fuhlerkeule aus drei getrennten Gliedern bestehend. Abb. 43.

4'' Halsschild am Rand der Scheibe vorn mit zer

4' Halsschild ohne Kornchen.

3' Fuhlerkeule kompakt; nur durch drei feine Nahte geringelt. Abb. 44.

4'' Augen am Vorderrand tief eingeschnitten. Flugel

4' Augen ohne Einschnitt. Absturz der Flugeldecken in beiden Geschlechtern ohne Hockerreihen.

5'' Vorderhuften durch einen breiten Fortsatz der Vorderbrust weit getrennt. Fuhler dicht vor den Augen eingefugt. Abb. 47, 48.

6'' Flugeldecken abfallend; Bauch zulaufend. Fuhler

6' Flugeldecken hinten steil nach abwarts gewolbt, Bauch horizontal. Abb. 51.

5' Vorderhuften beieinanderstehend. Fuhler vom Augenvorderrand etwas entfernt eingelenkt. Abb. 52, 53.

6'' Vorderrand des

6' Vorderrand des Halsschildes ohne Ausbuchtung. Fuhlergeißel sechsgliedrig. Abb. 55.

2' Gezahnelter Basalrand der Flugeldecken ganz gerade, an der Naht nicht unterbrochen. 3. Tarsenglied nicht zweilappig. Abb. 56, 57, 58.

3'' Augen vorn tief ausgerandet, manchmal in zwei gesonderte Teile (Fuhlergeißel funfgliedrig.) Abb. 59 und 60.

3' Augen am Innenrand nur ausgebuchtet. Fuhlerkeule mit geraden dritten Zwischenraum. (Fuhlergeißel funfgliedrig) Abb. 61 und 62.

1' Basalrand der Flugeldecken einfach gekantet, nicht aufgebogen. Fuhlergeißel siebengliedrig. 3. Tarsenglied zweilappig.

2'' Basis jeder Flügeldecke flach gebogen. Halsschild breiter als lang, nach vorn verengt, Abb. 63.

2' Basis der Flugeldecke ganz gerade, Halsschild so lang als breit oder langer. Flugel Abb. 64 und 65.

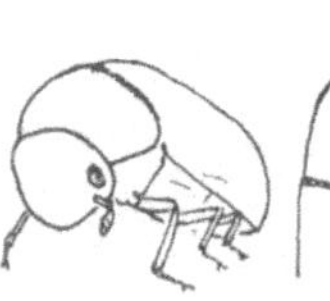
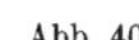

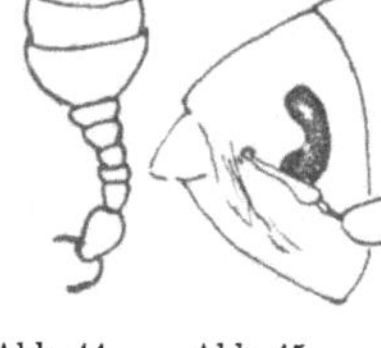
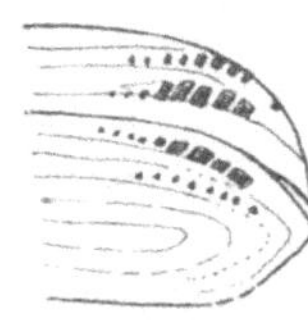

Abb. 39.   Abb. 40.   Abb. 41.   Abb. 42.   Abb. 43.   Abb. 44.   Abb. 45.   Abb. 46.

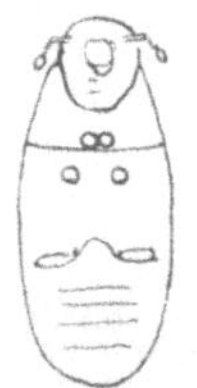
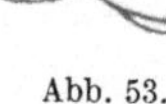

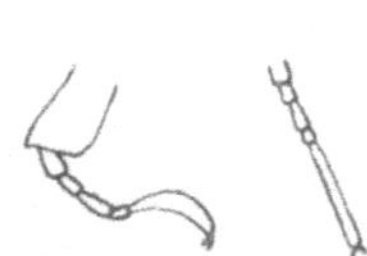

Abb. 52.   Abb. 53.   Abb. 54.   Abb. 55.   Abb. 56.   Abb. 57.   Abb. 58.

streuten Kornchen besetzt.	**Phloeophthorus** Woll. S. 46.
	Phthorophloeus Rey. S. 46.
deckenabsturz beim Mannchen mit kammartigen Hockerreihen. Abb. 45, 46.	**Phloeosinus** Chap. S. 46
von der Mitte nach hinten in ganz flachem Bogen bis zur Spitze allmahlich von der Basis zur Spitze aufsteigend. Der Korper im Profil besehen konisch geißel siebengliedrig. Keule langlich oval zusammengedruckt. Abb. 49, 50.	**Hylesinus** Fabr. S. 46.
7″ Oberseite besonders der Flügeldecken fleckig beschuppt; Schuppen rundlich. Fuhlergeißel siebengliedrig.	**Pteleobius** Bedel. S. 47.

7′ Oberseite nicht beschuppt, fein behaart. Fuhlergeißel funf-, sechs- oder (selten) siebengliedrig.	8″ Fuhlerbasis den Augen genahert. Die Fuhlergrube beruhrt den Vorderrand der Augen.	9″ Fuhlergeißel funfgliedrig. Halsschild ohne Kornchenbildung, die anliegende Behaarung desselben uberall quer gelagert. Der erste Zwischenraum der Flugeldecken mit dichterem, daher heller erscheinendem Grundtoment. (Filz.)	**Xylechinus** Chap. S. 47.
		9′ Fuhlergeißel sechsgliedrig. Halsschild wenigstens vorn mit Kornchenbildung; die anliegende Behaarung desselben zur hinteren Basismitte sternformig gelagert.	**Kissophagus** Chap.
	8′ Fuhler etwas von den Augen entfernt eingelenkt. Fuhlergeißel siebengliedrig.		**Hylastinus** Bedel S. 47.

Halsschildes in der Mitte ausgebuchtet. Fuhlergeißel funfgliedrig. Abb. 54.	**Dendroctonus** Erichs. S. 47.
7″ Zwischenraume der Punktstreifen mit einer Körnchenreihe. Körper langlich. nach hinten schwach verbreitert. Halsschild breiter als lang.	**Myelophilus** Eichh. **Blastophagus** S. 47, 48
7′ Zwischenraume der Punktstreifen dicht weich behaart. Korper lang. Halsschild langer als breit.	**Hylurgus** S. 48.
geschieden. Fuhlerkeule zusammengedruckt, ohne Nähte. Absturz ohne Rippen.	**Polygraphus** Erichs. S. 49.
und scharfen Nahten. Flugeldecken am Absturz mit kielartig vortretendem	**Carphoborus** Eichh. S. 49
meistens mit feinem Mittelkiel, Flugeldecken zur Spitze leicht verbreitert.	**Hylurgops** Lec. S. 48.
deckenseiten parallel. Die geringelte Fuhlerkeule stielrund und eiformig.	**Hylastes** Erichs. S. 48.

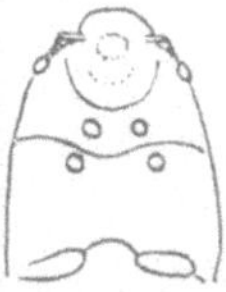

Abb. 47.  Abb. 48. 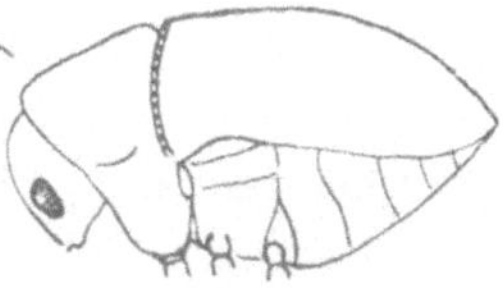 Abb. 49. 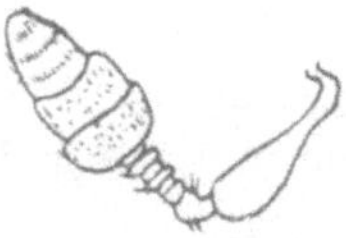 Abb. 50. 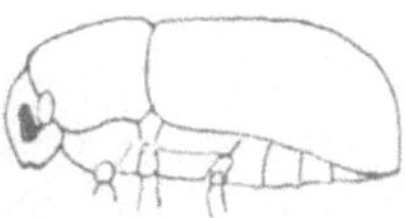 Abb. 51.

Abb. 59.  Abb. 60.  Abb. 61.  Abb. 62.  Abb. 63. 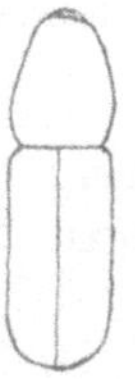 Abb. 64. 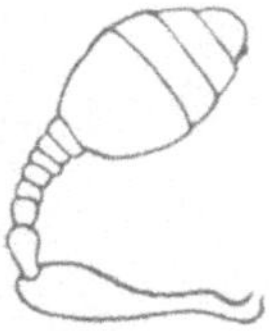 Abb. 65.

Unter-Fam. *Hylesininae.*

Bestimmungstabelle für die Arten.

Phloeotribus scarabaeoides Bernard. 2—2,5 mm. Flügeldecken fein gelbgrau beschuppt. (In Ölbaum, Syringa, Phyllinea.)

Phloeophthorus rhododactylus Marsh. 1,5—1,8 mm. In Sarothamnus- und Cytisus.

✓**Phthorophloeus spinulosus** Rey. 2 mm pechbraun bis pechschwarz, glanzlos; Flügeldecken mit tiefen Kerbstreifen und kielförmig erhabenen, mit aufstehenden rostgelben Börstchen besetzten Zwischenräumen. (In den unteren absterbenden Ästen alter Fichten. Muttergang: doppelarmig, Gänge im spitzen Winkel von der Eingangsröhre ausgehend.)

Gattung **Phloeosinus** Chapuis.

Phloeosinus bicolor Brull. und

Phloeosinus thuyae Perris. 2—3 mm große, in Juniperus, Thuyen und Zypressen lebende Borkenkäfer.

Gattung **Hylesinus** Fabr.

1″ Oberseite ohne Schuppen, nur behaart oder fast kahl.

    2″ 4—6 mm lang, nahezu kahl; Flügeldecken mit tiefen gekerbten Streifen und stark gerunzelten Zwischenräumen. (Esche; Doppelarmiger Quergang.)

        H. crenatus Fabr. (Großer schwarzer Eschenbastkäfer.)

    2′ 2,5—3 mm. Unterseite fein behaart — Oberseite mit dunklen oder gelblichen Haaren. Die Haare längs der Flügeldeckennaht dichter und rostgelb. (Esche, Ölbaum, Flieder, doppelarmiger Quergang.)

    ✓ **H. oleiperda** Fabr. (= *toranio* Bern.) (Kleiner schwarzer Eschen-bastkäfer.)

  1′ Oberseite mit helleren und dunkleren Schuppen buntscheckig be-deckt. 3 mm. (Esche; doppelarmiger Quergang.)

        H. fraxini Panz. (Bunter Eschenbastkäfer.)

Gattung **Pteleobius** Bedel.

Pteleobius vittatus Fabr. Bunter Ulmenbastkäfer. 2—2,5 mm — pechbraun; eine von den Schultern schräg nach rückwärts staffelig gegen die Naht verlaufende Binde weiß. (An Ulme; doppelarmiger Quergang.)

Gattung **Xylechinus** Chapuis.

Xylechinus pilosus Ratzbg. 2,5 mm lang; Flügeldecken mit gelblichen Börstchenreihen. Erster Zwischeraum neben der Naht mit sehr

Abb. 66.

hellen Schuppenhärchen. (In unteren absterbenden Fichtenästen und Fichtenstangen; doppelarmiger Quergang.)

Gattung **Hylastinus** Bedel.

Hylastinus obscurus Mrsh. 2—2,5 mm. (In den Wurzeln des Klees.)

Hylastinus fankhauseri Reitt. 2—2,5 mm, Basis der Flügeldecken gezähnelt und stark aufgebogen, hinter derselben mit körnchenartigen Höckerchen. (In Goldregen; doppelarmiger Quergang.)

Gattung **Dendroctonus** Erichs.

Dendroctonus micans Kugelann. (Der Riesenbastkäfer.) 7—9 mm lang. Pechbraun bis pechschwarz, mit langen rostbraunen Härchen schütter bekleidet; Flügeldecken groß punktiert gestreift, die Zwischenräume zwischen den Punktreihen breit und runzelig gekörnt. Fühler und Tarsen bräunlichgelb. (Fichte; Platzgang mit Larvenfamilienfraß.)

Gattung **Blastophagus** (*Myelophilus* Eichh.)

Blastophagus piniperda L. (Großer Waldgärtner.) 4—4,5 mm lang; Kopf und Halsschild schwarzglänzend, Flügeldecken pechbraun bis schwarz, fein reihig punktiert, in den Zwischenräumen mit feinen Börstchenreihen; Börstchenreihe im zweiten Zwischenraum am Absturz fehlend, wodurch die sogenannte Schattenfurche entsteht (Abb. 66); dieses Kennzeichen besonders beim ♂ deutlicher. (Kiefer; einarmiger Lotgang und Markröhrenfraß in Maitrieben.)

Blastophagus minor Htg. Der kleine Waldgärtner. 3,5—4 mm, Kopf und Halsschild schwarz, Flügeldecken rötlichbraun, punktiert-gestreift; die Börstchenreihe am Absturz des zweiten Zwischenraumes läuft durch,

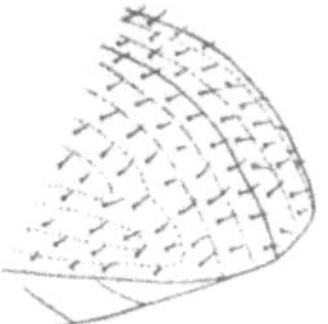

Abb. 67.

somit ohne Schattenfurche. (Abb. 67.) (Kiefer; doppelarmiger Quergang und Markröhrenfraß in Maitrieben.)

Gattung **Hylurgus** Latreille.

ⱴ **Hylurgus ligniperda** Fabr. 5—5,7 mm; die seitliche Körperbehaarung ist am Halsschild doppelt länger als an den Flügeldecken. (In Kiefernstöcken und Fichte; einarmiger Längsgang.)

Gattung **Hylurgops** Lec.

Hylurgops glabratus. Zett. 4—5 mm, matt pechbraun bis schwarz; Rüssel gekielt und beiderseits eingedrückt. Zwischenräume der Punktstreifen nur auf der hinteren Hälfte mit gereihten Körnchen. Ränder der Flügeldecken niemals geschwärzt. (Fichte und Zirbe, Längsgang.)

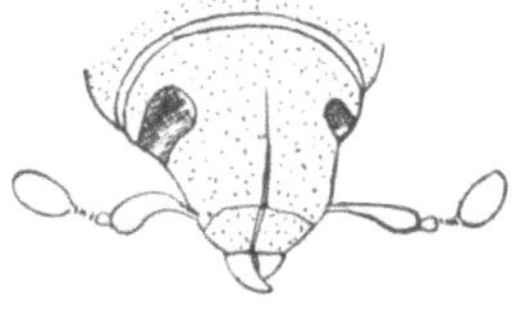

Abb. 68.

ⱴ **Hylorgops palliatus** Gyll. 3—4 mm; Halsschild und Flügeldecken braunrötlich; die letzteren meist mit geschwärztem Seitenrande. Flügeldeckenzwischenräume bis vorne mit erkennbaren Körnchenreihen. (Fichte, Kiefer, Tanne; kurzer Längsgang.)

Gattung **Hylastes** Erichs.

Hylastes ater. Payk. 4—4,5 mm; Mittelkiel des Rüssels nicht auf die quere Spitzenimpression beschränkt, sondern er ragt auf den hinteren Rüsselteil hinaus. (Abb. 68). Flügeldecken wenigstens doppelt so lang wie zusammen breit mit ziemlich feinen Punktstreifen. Halsschild länger als breit mit wenig gerundeten, fast parallelen Seitenrändern. (Kiefer; Längsgang.)

(Hierher gehören auch die Arten: *Hylastes attenuatus* Er. und *Hylastes opacus* Er.)

Hylastes cunicularius Er. Der schwarze Fichtenbastkäfer. Mittelkiel des Rüssels fein und nur auf die Querfurche an der Spitze des Rüssels beschränkt. (Abb. 69). Flügeldecken kaum doppelt so lang wie zusammen

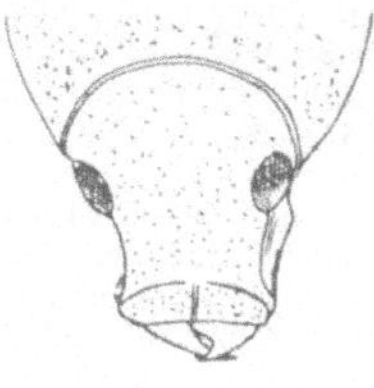

Abb. 69.

breit mit groben Punktstreifen. Halsschild gröber punktiert, an den Seiten mehr gerundet. (Fichte und Kiefer; Längsgang.)

Verwandt ist die Art *Hylastes angustatus* Hrbst.

Gattung **Polygraphus** Erichs.

1″ Fühler und Beine gelb.

    2″ Vorderrand des Kopfschildes deutlich breit ausgebuchtet, Fühlerkeule etwas zugespitzt; Flügeldecken pechbraun, fein reifartig beschuppt. Fühlergeißel fünfgliedrig. (Fichte, Kiefer, Tanne, Lärche; Sterngang im Rindenmantel.)

                  P. poligraphus L.

    2′ Vorderrand des Kopfes gerade abgeschnitten, Fühlerkeule an der Spitze abgerundet. 1,8—2,2 mm. (Fichte, Kiefer; Sterngang im Rindenmantel.)   **P. subopacus** Thoms.

1′ Beine beim ausgefärbten Exemplar braun, die Schenkel noch dunkler, fast schwarz, nur die Tarsen gelb. Fühlerkeule sehr groß, am Ende zugespitzt stumpf, Halsschild fast matt. (Zirbe, Kirsche; zweiarmiger Längs-, Quer- oder Diagonalgang.)

                  P. grandiclava Thoms.

Gattung **Carphoborus** Eichh.

Carphoborus minimus. Fabr. Kleinster Kiefernbastkäfer. 1,3 bis 1,5 mm groß; dicht schuppenartig behaart. Flügeldecken an der Spitze rötelnd. Naht und dritter Zwischenraum verbreitert, kielartig vortretend. (Weiß- und Schwarzkiefer; Sterngang.)

1″ Halsschild ganz gleichmäßig punktiert; weder gekörnelt noch gehöckert. Fühlergeißel zweigliedrig. Körper

1′ Halsschild wenigstens auf der vorderen Hälfte gekörnelt, gehöckert oder schuppig gerunzelt. Fühlergeißel mehr als zweigliedrig. Abb. 70.

2″ Halsschild im vorderen Teil mit einem großen, meist fast dreieckigen, abgegrenzten Hockerfleck. Vorderrandkante gekerbt oder mit einigen hervorragenden Zähnchen. Körper meist matt. Oberseite zart und fein beschuppt oder mit feiner Grundbehaarung, dazwischen mit längeren stehenden Schuppchenborsten oder längeren Haarreihen. Abb. 73, 74, 75.

2′ Halsschild im vorderen Teil ohne scharf abgegrenzten Hockerfleck; dieser, wenn vorhanden, gegen die Basis zu und zu den Seiten allmählich feiner werdend. Oberseite meist ohne doppelte Haarbekleidung; einfach behaart, oft kahl erscheinend. Flugeldecken am Grunde niemals mit Schuppchen oder Schuppenborsten besetzt.

3″ Fuhlergeißel fünfgliedrig.

3′ Fuhlergeißel viergliedrig.

4″ Vorderrand des Halsschildes in der Abb. 74.

4′ Vorderrand des Halsschildes in der Mitte Abb. 75.

3″ Halsschild mit gleichmäßiger, bis zur Basis reichender, hier allmählich feinerer körneliger Struktur; etwas raspelartig. Abb. 76.

3′ Halsschild an der Basis einfach punktiert oder glatt. Abb. 77.

4″ Augen in zwei vollständig gesonderte

4′ Augen einfach. Abb. 79.

5″ Halsschild in der Mitte mit ± hoher vortretender Wolbung. Mánnchen durch äußere Merkmale von den Weibchen sehr verschieden.

6″ Halsschild meist Hockerkranz, glatt

6′ Halsschild nicht Kranz kleiner Hocker

5′ Halsschild gleichmäßig gewolbt. Mannchen und Weibchen habituell gleich geformt. Sexuelle Merkmale treten haufig am Absturz der Flügeldecken auf. Abb. 84, 85.

6″ Spitzenrand der Flugeldecken einfach, unmittelbar das Abdomen umfassend. Abb. 86.

Abb. 70.

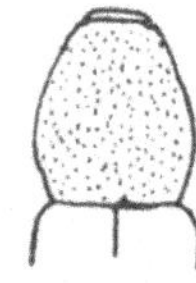

Abb. 71.

Abb. 72.

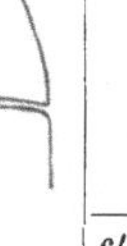

Abb. 73.

6′ Spitzenrand der Flügeldecken doppelt. Abb. 87. Tafel II, Abb. 10.

Abb. 74.

Abb. 75.

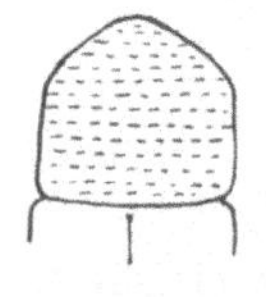

Abb. 76.

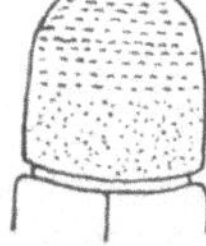

Abb. 77.

Abb. 78.

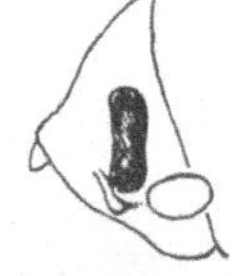

Abb. 79.

sehr klein. Abb. 71, 72.	**Crypturgus** Erichs. S. 52.
	Trypophloeus Fairm.
Mitte ohne vorragende größere Hockerchen. Augen vorn ausgerandet.	**Cryphalus** Erichs. S. 52.
mit 2 oder mehr vorragenden Höckerchen. Augen nicht ausgerandet.	**Ernoporus** Thomson. S. 52.
Teile geschieden. Abb. 78.	**Xyloterus** Erichs. S. 53.
	Dryocoetes Eichh. S. 53.
länger als breit, in der Regel zylindrisch, der Vorderrand ohne kleinen randig, dahinter erst gekornt. Abb. 80.	**Xyleborus** Eichh. S. 54.
länger als breit, rundlich, der Vorderrand stark gekerbt oder mit einem chen. Das Mannchen zwerghaft. Abb. 81, 82, 83.	**Anisandrus** Ferrari. S. 53.
7'' Vorderrand des Halsschildes ohne feinen Hockerkranz, glattrandig. Schildchen kaum sichtbar.	**Xylocleptes** Ferrari. S. 54.

7' Vorderrand des Halsschildes mit feinem Hockerkranz.	8'' Basis des Halsschildes gerandet. Flugeldecken am Absturz neben der Naht mit geglätteter Langsfurche. (Furchenflugler.)		**Pityophthorus** Eichh. S. 55.
	8' Basis des Halsschildes ungerandet.	9'' Halsschild vor der Basis ohne glatte Langsschwiele. Flügeldecken am Absturz ohne Zahn. (Stutzflügler.)	**Taphrorychus** Eichh. S. 55.
		9' Halsschild auf der hinteren Hälfte mit einer glatten Langsschwiele. Flugeldecken am Absturz beim Mannchen mit großen Zahnen, beim Weibchen mit Hockerchen. (Hakenflugler.)	**Pityogenes** Bedel. S. 55.

Ips. Degeer. S. 57.

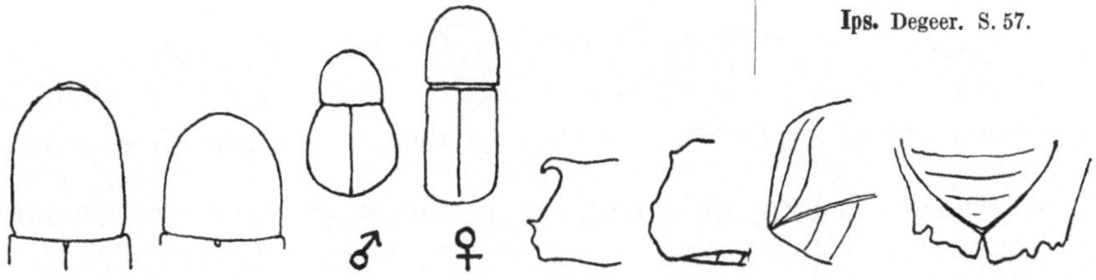

Abb. 80. Abb. 81. Abb. 82. Abb. 83. Abb. 84. Abb. 85. Abb. 86. Abb. 87.

Unter-Fam. *Ipinae.*

Bestimmungstabelle für die Arten.

Gattung **Crypturgus** Erichs.

Crypturgus pusillus Gyll. Kleinster Fichtenborkenkäfer. 1,00 mm lang; Oberseite glänzend, Flügeldecken punktiert gestreift; die Punkte rund eingestochen, nicht in die Quere gezogen. Halsschild ziemlich tief, aber weitläufig punktiert. (Fichte, Kiefer, Tanne; Gewirr von Brut- und Larvengängen, ausgehend von einem fremden Borkenkäfer-Muttergang.)

Crypturgus cinereus Hbst. 1,2 mm; Oberseite matt. Flügeldecken mit Kerbstreifen, die Punkte breitgezogen. Halsschild sehr dicht und fein punktiert; am Grund fein lederartig gerunzelt. (Fichte und Kiefer; Brutbild wie *pusillus.*)

Gattung **Cryphalus** Erichs.

1″ Flügeldecken mit einzelnen, schütter stehenden, langen, aufgerichteten, deutlich wahrnehmbaren Haaren. Käfer 1,5–2 mm. (Tanne; Platzgang.)

Cr. piceae Ratzbg. (Gekörnter Tannenborkenkäfer.)

1′ Flügeldecken nur mit ganz kurzen, wenig bemerkbaren Haarreihen.

2‴ Flügeldecken fein punktiert gestreift, Punktstreifen gegen den Absturz zu schwächer. Einfärbig dunkelbraun. 1,7–2 mm. (Fichte, Kiefer, Tanne; Platzgang.)

Cr. abietis Ratzbg. (Gekörnter Fichtenborkenkäfer.)

2″ Flügeldecken ohne Punktstreifen. Pechbraun. Hinten stets deutlich heller. 2 mm. (Fichte; Platzgang.) **Cr. saltuarius** Wse.

2′ Körper braunschwarz, ganz matt, kurz und breit mit feinen Punktstreifen, diese am Absturz deutlicher vertieft. 2 mm. (Lärche; Platzgang.)

Cr. intermedius Ferrari (Gekörnter Lärchenborkenkäfer).

Gattung **Ernoporus** Thomson.

1″ Flügeldecken kaum 1³/₄mal so lang wie zusammen breit. (Linde; unregelmäßige Längs- und Diagonalgänge.) **Ern. tiliae** Panz.

1′ Flügeldecken 2¹/₂mal so lang wie zusammen breit, lang und schmal, zylindrisch. (An Buche; unregelmäßige Längs- und Diagonalgänge.)

Ern. fagi F.

Gattung **Xyloterus** Erichs.

1″ Flügeldecken an der Spitze beiderseits gefurcht und ziemlich dicht behaart. Der dritte Zwischenraum am Absturze fein kielförmig erhöht, Halsschild ganz schwarz oder zum Teil rotgelb. (Fühlerform: Ab. 88.) 3 mm. (In Laubholz; Leitergänge im Holzkörper; Brutarme bei allen *Xyloterus*-Arten in einer Ebene liegend.)　　**X. domesticus** L.

Abb. 88.

1′ Flügeldecken an der Spitze ohne Furchen, nur mit einzelnen kurzen Härchen besetzt. Der dritte Zwischenraum nicht kielförmig, erhöht; Halsschild wenigstens an der hinteren Hälfte hell gefärbt. Flügeldecken auf der Scheibe mit dunklen Längslinien oder Flecken.

2″ Flügeldecken in groben Reihen punktiert gestreift. Die Punkte rundlich. (In Laubholz; Leitergänge im Holzkörper.)

X. signatus Fabr.

2′ Flügeldecken mit sehr feinen Punktreihen und nicht gerunzelten flachen Zwischenräumen. (Nur in Nadelholz; Leitergänge im Holzkörper, Brutarme gewöhnlich den Jahresringen folgend.)

X. lineatus Oliv. (Linierter Nutzholzborkenkäfer.)

Gattung **Dryocoetes** Eichh.

1″ Naht fast eben, Nahtstreifen nicht vertieft. 3—4 mm. (In Nadelhölzern, hauptsächlich Fichte; unregelmäßige, geschlängelte, gebogene Längs- und Diagonalgänge, oft spornförmig.)

D. autographus Ratzbg. (Zottiger Fichtenborkenkäfer).

1′ Naht erhaben. Nahtstreifen nach rückwärts vertieft.

2″ Punktierung in den Hauptstreifen nicht auffallend, schwach behaart. 2—2,3 mm. (In Erlen; mehr oder weniger verzweigter Längsgang.)　　**D. alni** Georg.

2′ Punktierung in den Hauptstreifen tief und kerbartig, stark behaart. 2—3 mm. (In Eichen; unregelmäßige, 2—7armige, meist querverlaufende Gänge.)　　**D. villosus** F.

Gattung **Anisandrus** Ferrari.

Anisandrus dispar F. Ungleicher Holzbohrer, ♀: Gestreckt-walzig, 3 bis 3,5 mm. ♂ zwerghaft, fast halbkugelförmig, 2 mm. (In Laubhölzern; im Holzkörper liegende, in verschiedenen Ebenen des Raumes verlaufende Gabelgänge, in der Richtung der Holzfaser und senkrecht zu ihr.)

Gattung **Xyleborus** Eichh.[1]

1″ Halsschild fast kugelförmig, an den Seiten gerundet, hinten ziemlich tief punktiert. Flügeldecken mit einerlei Punktstreifen. ♂ 1,5; ♀ 2—3 mm. (In Aspe; im Holzkörper verlaufende, in einer Ebene liegende Gabelgänge.) **X. cryptographus** Ratzbg.

1′ Halsschild von oben besehen walzenförmig, mit fast parallelen Seiten.

2″ Halsschildvorderrand wenigstens beim ♀ gerade, daher der Halsschild fast viereckig; beim ♂ vorne breit ausgehöhlt, in der Mitte mit vorspringenden Zähnchen. ♀ 3,5—4 mm, ♂ 3 mm. (Kiefer; im Holzkörper verlaufende, in einer Ebene liegende Gabelgänge.) **X. eurygraphus** Ratzbg.

2′ Halsschild wenigstens beim ♀ vorne stark abgerundet; beim ♂ zuweilen mit breitem Eindruck und einem hervorragenden Zähnchen.

3″ ♀ pechbraun, Beine und Fühler heller; ♀ 2—2,3 mm. ♂ gelbbraun, 1,5—1,8 mm. (Polyphag in Laub- und Nadelholz; Familienholzgänge.) **X. Saxesini** Ratzbg.

3′ Der ganze Körper einfarbig rotbraun.

4″ Flügeldecken hinten flach abgestutzt, hier matt und mit zerstreuten, zum Teil ins Viereck gestellten Höckerchen. ♂ 2—2,3; ♀ 2,3—3,2 mm. (Eiche; im Holzkörper verlaufende, in einer Ebene liegende Gabelgänge.) **X. monographus** F.

4′ Flügeldecken hinten steil abgewölbt, hier glänzend und gleichmäßig mit Höckerreihen besetzt. ♂ 2,0; ♀ 2,3—2,6 mm. (Eiche; Fraßgänge wie bei *monographus*, nur kleiner.) **X. dryographus** Ratzbg.

Gattung **Thamnurgus** Eichh.

In Euphorbiastengeln sich entwickelnde Borkenkäfer z. B. *Th. varipes* Eichh.

Gattung **Xyloeleptes** Ferrari.

Xyloeleptes bispinus Duftsch. ♀: Absturz flach abfallend. ♂: Absturz kreisförmig eingedrückt, jederseits mit scharfem Dorn. 3 mm. In Waldrebe.

---

[1] Die Bestimmungsangaben gelten vorzüglich für die flugfähigen ♀. Die ♂ sind flugunfähig, kleiner und von der Gestalt der ♀ sehr abweichend.

Gattung **Pityophthorus** Eichh.

♀ der hierher gehörenden Arten mit goldgelber Stirnbürste.

1″ Flügeldecken am Nahtwinkel in eine kurze Spitze ausgezogen. (Abb. 89, 90.)

2″ Außenränder der Furchen von gleicher Höhe wie die Naht und mit ihr gleich stark abfallend. (Abb. 89.) 1,2 mm. (Fichte; Sterngang, mit 4—7 geschwungenen Muttergängen, meist quer zur Holzfaser.) **P. micrographus** L.

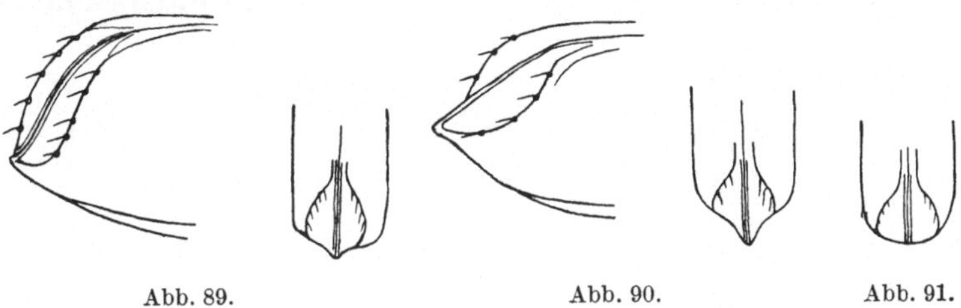

Abb. 89.　　　　　　Abb. 90.　　　　Abb. 91.

2′ Außenränder der Furchen höher als die Naht und steiler abfallend als die mehr flache Naht. (Abb. 90.) (Fichte; längsgerichtete, 2—6armige Sterngänge.) **P. exculptus** Ratz.

1′ Flügeldecken am Nahtwinkel stumpf abgerundet. (Abb. 91.)

2″ Außenränder der Furchen mit kleinen, borstentragenden Höckerchen besetzt, (Abb. 91). Punktierung der Flügeldecken ziemlich kräftig. 1,5—1,7 mm. (Kiefer; Sterngänge.)

P. Lichtensteini Ratzbg.

2′ Außenränder ohne Höckerchen und Börstchen, Flügeldecken feinreihig punktiert. Nahtstreifen deutlich vertieft. (Kiefer; Sterngänge.) **P. glabratus** Eichh.

Gattung **Taphrorychus** Eichh.

Taphrorychus bicolor Hrbst. Pechbraun, gelb behaart. 1,6—2,3 mm. (Rotbuche; Rindenbrüter; Gänge unregelmäßig.)

Gattung **Pityogenes** Bedel.

1″ ♂ jederseits neben der Naht mit drei scharfen, kegelförmigen Zähnchen, (Abb. 92 b), ♀ an Stelle der Zähnchen, mit drei schwachen Höckerchen.

2″ Punktstreifen auf den Flügeldecken nach der Mitte erlöschend. Zwischenräume ohne Punktierung; ♀ mit einer Grube in der

Stirn, den Vorderrand der letzteren erreichend. (Abb. 92 a.)
(Fichte; Sterngang mit in der Rinde verborgener Rammelkammer.)   **P. chalcographus L. („Kupferstecher".)**

2′ Punktreihen auf den Flügeldecken laufen durch. Zwischenräume mit feinen Punkten. Stirngrube in der Mitte der Stirn
liegend, den Vorderrand der letzteren nicht erreichend. (Abb. 93).
(Kiefer, besonders Schwarzkiefer; meist dreiarmiger Sterngang.)
(*austriacus* Wachtl, *elongatus* Löwendal.)

P. trepanatus Nördl.

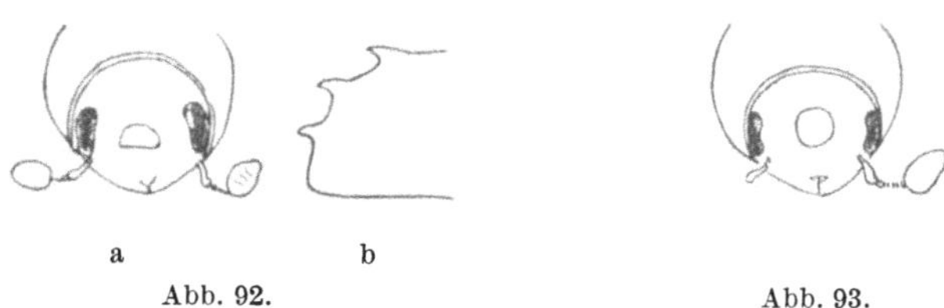

a   b

Abb. 92.   Abb. 93.

1′ ♂ oben neben der Naht jederseits mit einem großen, nach unten
gerichteten Hakenzahn. Abb. 94, 95, 96.)

2′′′′′ ♂ nur mit ein Paar Hakenzähnen (Abb. 94); höchstens ober
denselben noch mit je einem kleinen Höckerchen. (Kiefer;
3—7armiger Sterngang.)   **P. bidentatus Hrbst.**

2′′′′ ♂ außer den Hakenzähnen noch mit einem kleinen Zahn im
unteren Drittel des Absturzes. (Abb. 95.) (Kiefer; Sterngang.)

P. quadridens Hartig.

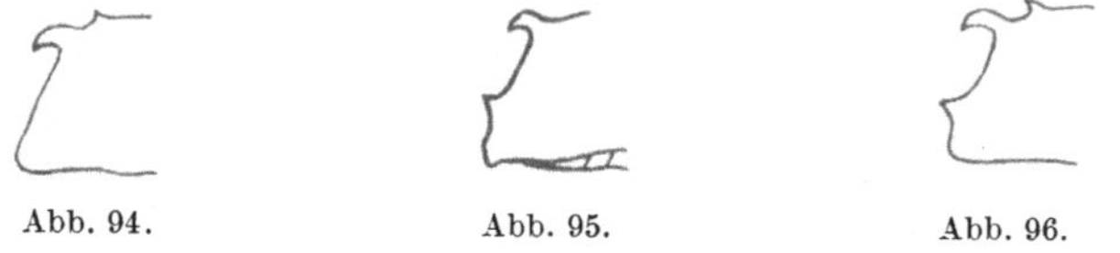

Abb. 94.   Abb. 95.   Abb. 96.

2′′′ ♂ mit drei Zähnchenpaaren. (Abb. 96.) (Kiefer; Zirbe, 3—5
armiger Sterngang.)   **P. bistridentatus Eich.**

2′′ ♂ mit vier Zähnchenpaaren .(Latsche, Kiefer; 3—5armiger,
meist längsgerichteter Sterngang.)

P. conjunctus Reitter.

2′ ♂ mit fünf Zähnchenpaaren. (Kiefer, Aleppokiefer; Sterngang.)

P. Lipperti Henschel.

Gattung **Ips** Degeer.

1″ Absturz in beiden Geschlechtern gleichbezahnt; schief und allmählich abfallend. Meist größere Arten.

Typographus Gruppe: Knopfzahner.

2‴ Absturz jederseits mit sechs Zähnen, der vierte am längsten und knopfförmig. (Abb. 97). 5,5—8 mm. (Kiefer; 2—4armige, sehr lange Längsgänge in der Faserrichtung.)

I. sexdentatus Boerner. (12-zähniger Kiefernborkenkäfer.)

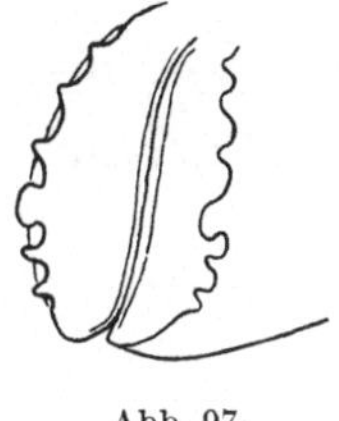

Abb. 97.

Abb. 98.

2″ Absturz jederseits mit vier Zähnen, der dritte am längsten und knopfförmig. (Abb. 98).

3″ Absturz matt, seifen-glänzend, Zwischenräume der Punktstreifen auf der Flügeldeckenscheibe glatt. Stirn in beiden Geschlechtern mit Höckerchen. Fühlerkeule mit vorgezogener zweiter Naht. 4,5—5,2 mm. (Fichte; meist doppelarmige Längsgänge mit in der Rinde liegender [verdeckter] Rammelkammer.)

I. typographus L. (Der achtzähnige Fichtenborkenkäfer, der „Buchdrucker".)

3′ Absturz lackglänzend, tiefpunktiert, Flügeldeckenzwischenräume auf der Scheibe fein punktiert oder gerunzelt.

Abb. 99.

4″ Nähte der Fühlerkeule schwach geschwungen, fast gerade. (Abb. 99.) Nur das ♂ mit einem Höckerchen am Vorderrande der Stirn; diese schwach gekörnt. Absturz mehr oval, Zähnchenrand mehr nach einwärts gerückt. 4 bis 4,7 mm. (Zirbe, Fichte, aber nie an Lärche; 2—5armige Sterngänge.)

I. amitinus Eichhoff. (Der achtzähnige Zirbenborkenkäfer.)

4′ Nähte der Fühlerkeule nach vorne gezogen. (Abb. 100.) Stirn stark gekörnt, daher matt und nicht glänzend; niemals mit einem Höckerchen. Der ganze Käfer stärker behaart als der *amitinus.* 4,5—5,5 mm. (Lärche; drei- und mehrarmige Sterngänge.) (Tafel II, Abb. 10.)

I. cembrae Heer. (Der achtzähnige Lärchenborkenkäfer.)

2′ Absturz jederseits mit drei Zähnen. (Abb. 101.)

3″ Der dritte Zahn am stärksten und in der Mitte des Randes beim ♂ zweizackig ausgeschweift. (Kiefer; vielarmige, meist längsgerichtete Sterngänge.)

I. acuminatus Gyll. (Sechszähniger Kiefernborkenkäfer.)

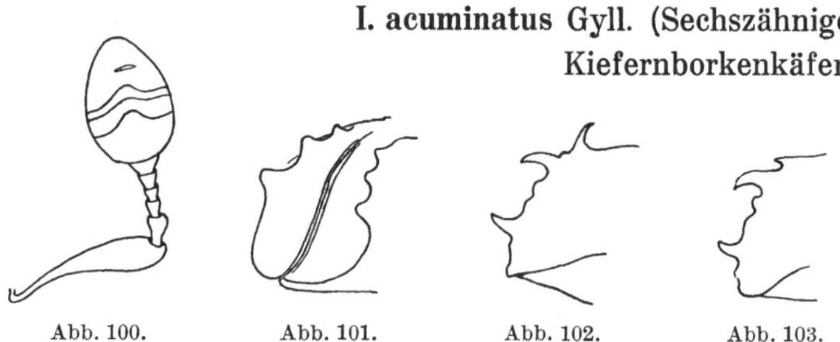

Abb. 100.   Abb. 101.   Abb. 102.   Abb. 103.

3′ Der mittlere Zahn trapezoid, zweispitzig. 2,2—3,5mm. (Schwarz-kiefer; längsgerichtete Sterngänge.)   **I. Mannsfeldi Wachtl.**

1′ Absturz beim ♂ viel stärker bezahnt als beim ♀; Absturz steil und weiter hinten beginnend.

2″ Der zweite Zahn des ♂ hakenförmig oder kolbenförmig und der größte. Mit goldgelber Stirnbehaarung. Alle an Tanne lebend.

Curvidens Gruppe: Hakenzahner.

3″ Zweiter Zahn des ♂ hakenförmig gekrümmt. (Abb. 102—104.)

4″ Erster Zahn des ♂ nahezu aufrecht im rechten Winkel zum zweiten Hakenzahn gestellt. (Abb. 102). 2,5—3 mm. (Tanne; doppelarmige Quergänge, oft Doppelklammer-gänge, Rammelkammer radial zum Stammquerschnitt.)

I. curvidens Germ. (Krummzähniger Tannenborkenkäfer.)

4′ Erster Zahn des ♂ verläuft nahezu horizontal in der Längsrichtung der Flügeldecken. (Abb. 103). 2,5—3 mm. (Tanne; Sterngänge mit geräumiger, tangential liegender Rammelkammer.)   **I. spinidens Reitt.**

3′ Zweiter Zahn des ♂ am Ende kolbig verdickt, ohne Haken-
krümmung. (Abb. 104.) 1,8–2,5 mm. (Kiefer, Tanne; Sterngänge mit deutlicher Rammelkammer, die einzelnen Muttergänge oft radspeichenartig zur Rammelkammer gestellt.)

I. Vorontzowi Jakobs.

2′ Zweiter Zahn des ♂ nicht durch besondere Größe ausgezeichnet;
Bezahnung schwach, kerbenartig. Jederseits 4—5 verschieden
große Zähnchen. **Laricis-Gruppe: Kerbzahner.**

3″ Unterster der drei stärker hervortretenden, etwas nach innen
gerückten Zähne im untersten Drittel des Absturzes stehend;
(Abb. 105, 106.) Hinter diesem Zahn ohne Kerbzähnchen.

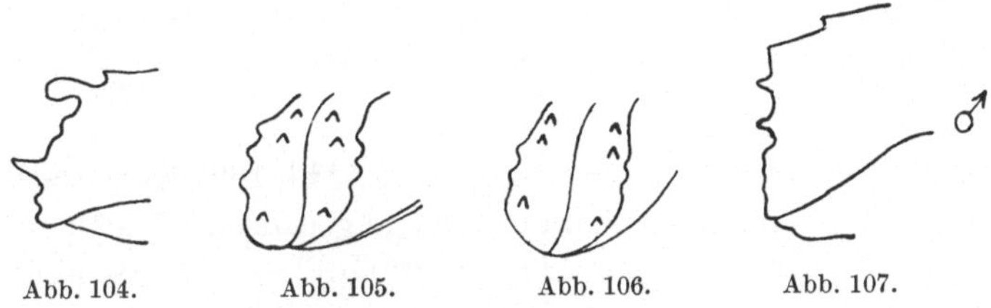

Abb. 104.　　　　Abb. 105.　　　　Abb. 106.　　　　Abb. 107.

4″ Absturz breit, fast kreisförmig — Suturalzähnchen voneinander so weit entfernt, wie der nächste größere Seiten-
randzahn vom Suturalzähnchen. (Abb. 105.) Zähnchen
beim ♀ schwächer. (Kiefer; kurzer, einarmiger Längs- oder
Schräggang, meist mit Krückstockform beginnend.)

I. laricis F. (Vielzähniger Kiefernborkenkäfer.)

4′ Absturz oval und schmäler als die Flügeldecken, die
Suturalzähnchen voneinander weiter entfernt als vom
nächst größeren Seitenzahn (Abb. 106). ♀ nur mit 3
Zähnchen. 2,5–3,2 mm. (Kiefer; Sterngang.)

I. suturalis Gyll.

3′ Unterster der drei stärker hervortretenden Zähne etwa in
der Mitte des Absturzes stehend; (Abb. 107, 108, 109) Hinter dem frei stehenden Kegelzahn, noch mit 1–2 kleinen
Einkerbungen.

4″ Absturz seitlich fast senkrecht abfallend. ♂ am Absturz
jederseits mit vier dicht hintereinanderstehenden Zähnen,
deren zweiter wie eine dreieckige Platte scharfwinklig

vortritt. Die beiden folgenden kegelförmig. Der zweite breite Zahn ist vom Suturalzähnchen fast ebensoweit entfernt wie vom unteren Kegelzahn. (Abb. 107, 108.) Körper glänzend, schwarz oder kastanienbraun. (Kiefer; 2—3armige, meist diagonal verlaufende Muttergänge.)

I. erosus Wollast. (=*rectangulus* Eichh.)

4′ Der zweite breite Zahn des seitlich nicht senkrecht abfallenden Seitenrandes ist dem Suturalzähnchen näher

Abb. 108. Abb. 109.

als dem unteren Kegelzahn. (Abb. 109.) Körper ziemlich kräftig, Zwischenräume etwas gerunzelt. (Kiefer; Sterngänge, meist in der Längsrichtung.) **I. proximus** Eichh.

4. Fam. *Platypodidae*.

Gattung **Platypus** Hrbst.

Kopf mit Augen breiter als der Halsschild, hinter den Augen verengt. (Abb. 110, 111.) Halsschildvorderrand abgestutzt. Erstes Tarsenglied sehr verlängert; so lang wie die folgenden zusammen. (Abb. 112).

1″ Halsschild deutlich und recht dicht punktiert. Beim ♂ die abwechselnden Zwischenräume der Flügeldecken nach hinten deutlich

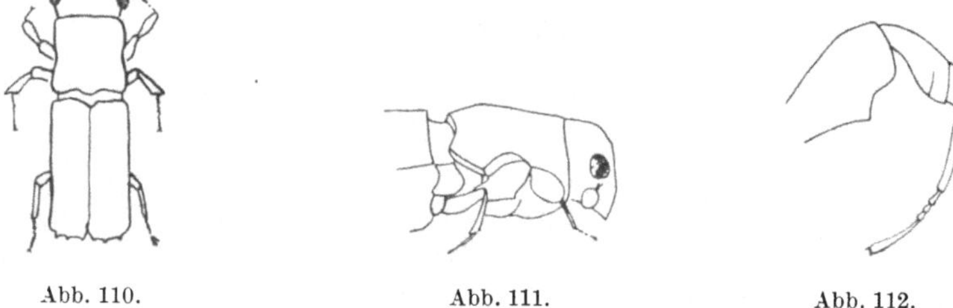

Abb. 110. Abb. 111. Abb. 112.

gekielt und vor dem Absturz zahnartig verkürzt. Seitenrand zwischen dem großen Endzahn des ♂ und dem marginalen Schwielenzahn nicht ausgerandet, dazwischen mit zwei Kerbzähnchen besetzt. 5—5,5 mm. (Eiche; Brutgänge im Holzkörper in einer Ebene liegend und sich mehrfach verzweigend.) **P. cylindrus** Fabr.

1′ Halsschild sehr erloschen punktiert, fast glatt. Alle Zwischenräume der Flügeldecken beim ♂ nach hinten kielförmig erhöht und vor dem Absturz zahnartig verkürzt. Seitenrand zwischen dem großen Endzahn und dem marginalen Schwielenhöcker ausgerandet und daselbst ohne Kerbzähnchen. (Eiche, Buche; Brutgänge wie bei *cylindrus*.) **P. cylindriformis** Reitt.

II. Deutsche Käfernamen.

Manzsche Buchdruckerei, Wien IX.

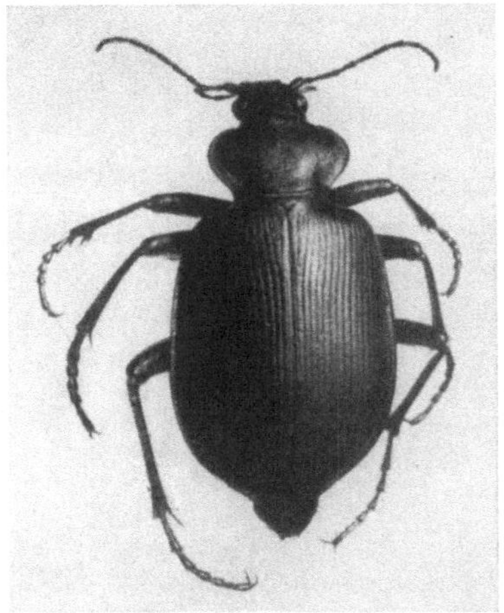

Abb. 1. *Calosoma sycophanta* L. Der Puppenräuber.
Vergr. ca. $1^1/_2$ fach.

Abb. 2. *Staphylinus caesareus* Cederh.
Vergr. ca. $2^1/_2$ fach.

Abb. 3. *Poecilonota rutilans* F.
Vergr. ca. 4 fach.

Abb. 4 *Selatosomus aeneus* L.
Vergr. ca. 3 fach.

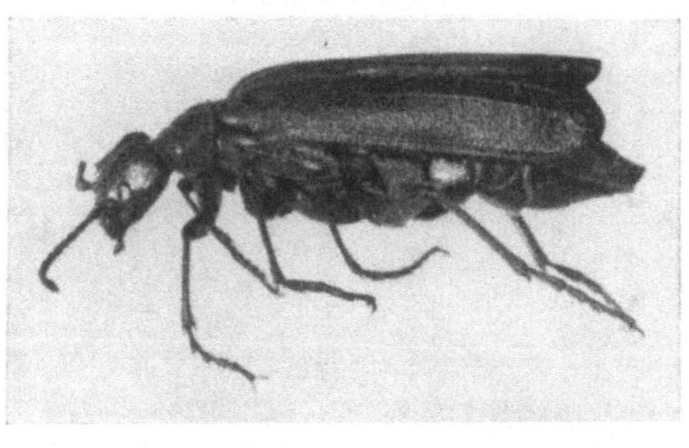

Abb. 5. *Lytta vesicatoria* L. Spanische Fliege.
Vergr. ca. 4 fach.

Verlag von Julius Springer, Wien.

Abb. 6. *Tetropium fuscum* F. Der
Fichtenbock.
Vergr. ca. 3 fach.

Abb. 7. *Melasoma populi* L. Großer, roter
Weidenblattkäfer.
Vergr. ca. $3^{1}/_{2}$ fach.

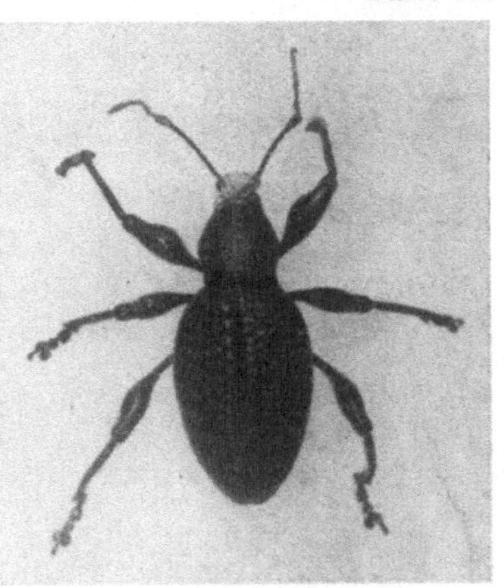

Abb. 8. *Otiorrhynchus niger* L. Der
schwarze Rüsselkäfer.
Vergr. ca. 3 fach.

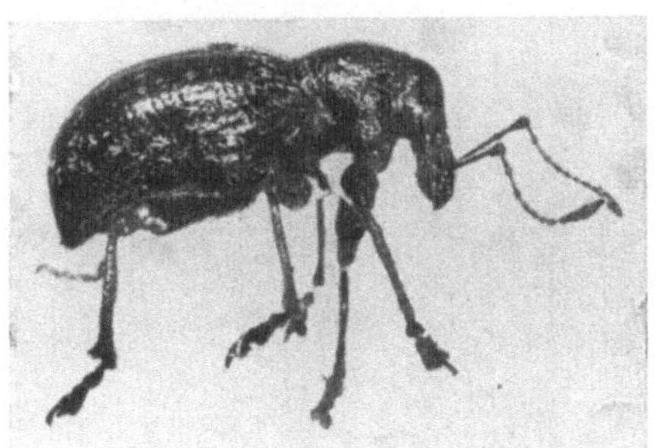

Abb. 9. *Otiorrhynchus chrysocomus* Germ.
Vergr. ca. $3^{1}/_{4}$ fach.

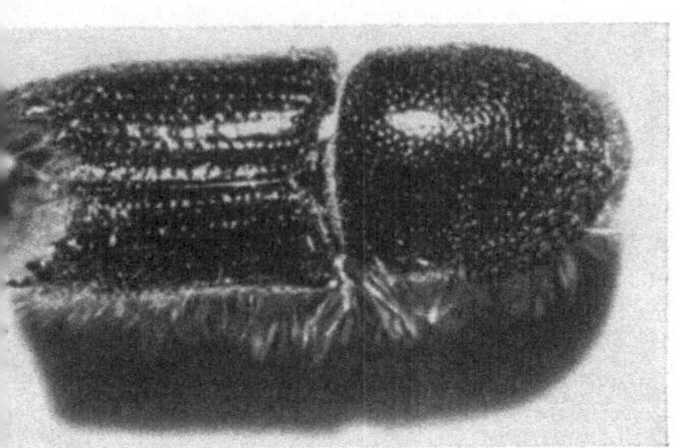

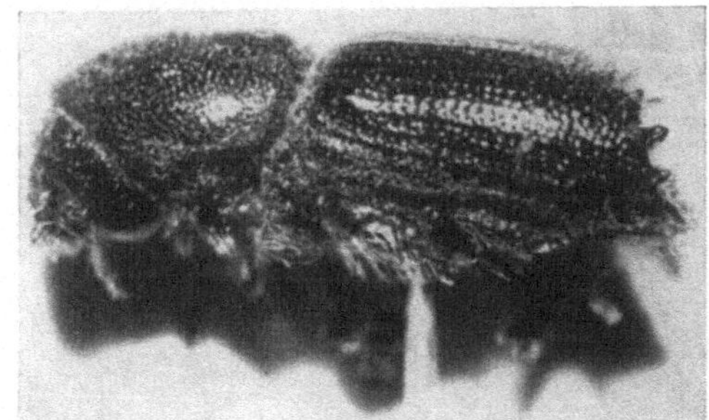

Abb. 10. *Ips cembrae* Heer. Der achtzähnige Lärchenborkenkafer. Vergr. ca. $11^{1}/_{2}$ fach.

Verlag von **Julius** Springer, Wien.